示范性职业教育
"十四五"重点建设教材

核电管道安装

主　编◎张　龙　王治川
副主编◎何金坪　马金海　刘兴华　张翼辉

西南交通大学出版社
·成　都·

图书在版编目（CIP）数据

核电管道安装 / 张龙，王治川主编. —成都：西南交通大学出版社，2021.2
示范性职业教育"十四五"重点建设教材
ISBN 978-7-5643-7938-4

Ⅰ. ①核… Ⅱ. ①张… ②王… Ⅲ. ①核电厂－管道安装－职业教育－教材 Ⅳ. ①TM623.4

中国版本图书馆 CIP 数据核字（2020）第 269140 号

示范性职业教育"十四五"重点建设教材
Hedian Guandao Anzhuang

核电管道安装

主　编	张　龙　王治川
责任编辑	何明飞
封面设计	GT 工作室
出版发行	西南交通大学出版社
	（四川省成都市金牛区二环路北一段 111 号
	西南交通大学创新大厦 21 楼）
邮政编码	610031
发行部电话	028-87600564　028-87600533
网址	http://www.xnjdcbs.com
印刷	四川煤田地质制图印刷厂
成品尺寸	185 mm×260 mm
印张	12.25
字数	247 千
版次	2021 年 2 月第 1 版
印次	2021 年 2 月第 1 次
定价	38.00 元
书号	ISBN 978-7-5643-7938-4

课件咨询电话：028-81435775
图书如有印装质量问题　本社负责退换
版权所有　盗版必究　举报电话：028-87600562

前言 PREFACE

　　管道在石油、化工、轻工、食品、制药、冶金、电力等工业生产中，犹如人体的血管，纵横交错，它串起了整个生产工艺系统，其安装质量的好坏，直接影响生产工艺系统的运行是否稳定、是否安全，尤其是建造精度要求极高的核电站建设工程中，管道起着举足轻重的作用。

　　本书基于作者多年的内部培训资料，结合职业教育的特点，以锻炼学生的实践动手能力为主旨，贯穿施工全过程，内容由浅入深，循序渐进，以便让学生尽快掌握管道安装工程施工技术。全书共分九章：管道工程概论、管道工程识图、管道工程常用材料、管路附件及机具、管道预制、支架预制与安装、管道安装施工技术、阀门安装技术、管道的符合性检查、内部清洁与压力试验、管道工程施工管理等。本书可供管工技能培训使用，也可作为职业院校机电设备安装类专业参考使用。

　　本书由张龙、王治川担任主编，何金坪、马金海、刘兴华、张翼辉担任副主编，其中第一章、第二章由张龙编写，第四章、第六章由王治川编写，第三章由何金坪编写，第五章由马金海编写，第七章由刘兴华、张翼辉编写，第八章、第九章由张龙、王治川编写。在编写过程中，本书参阅了相关资料，在此表示感谢。

　　由于时间仓促，水平有限，书中难免有疏漏之处，敬请读者批评指正，编者不胜感激。

编　者
2020 年 9 月

目录 CONTENTS

第一章　管道工程概论 ·· 001
  第一节　工业管道的类型 ·· 003
  第二节　工业管道的分类 ·· 004
  第三节　工业管道的识别色和安全标识 ······················ 006
  第四节　管道及其组成件的标准化 ···························· 008
  第五节　核电管道分级 ·· 010
  第六节　核电工程简介 ·· 012

第二章　管道工程识图 ·· 017
  第一节　管道单、双线图及轴测图 ···························· 019
  第二节　管道的剖面图 ·· 024
  第三节　管道施工图的组成 ······································ 027
  第四节　核岛管道施工图的识读 ······························· 032

第三章　管道工程常用管材、管路附件与机具 ················· 043
  第一节　常用管材与管件 ·· 045
  第二节　常用的辅助材料 ·· 049
  第三节　管道安装常用工量具 ·································· 052

第四章　管道预制 ·· 061
  第一节　管道预制工作描述 ······································ 063
  第二节　管道的弯制 ·· 065
  第三节　管件的放样 ·· 069
  第四节　管道的冷、热校形 ······································ 076
  第五节　管子的切割 ·· 077
  第六节　管段的量尺和下料 ······································ 079
  第七节　管道坡口加工及焊口组对 ···························· 081

第五章 支架预制与安装 ………………………………………………… 087
- 第一节 支架的定义、作用及其分类 ………………………………… 089
- 第二节 核电工程支架的分级及功能 ………………………………… 093
- 第三节 一般支架安装 ………………………………………………… 096
- 第四节 特殊支架安装 ………………………………………………… 099
- 第五节 支架安装的公差 ……………………………………………… 103

第六章 管道安装施工技术 ……………………………………………… 113
- 第一节 管道分级与安装流程 ………………………………………… 115
- 第二节 管道安装通用技术要求 ……………………………………… 116
- 第三节 管道连接 ……………………………………………………… 118
- 第四节 热力管道安装 ………………………………………………… 122
- 第五节 其他工业管道安装 …………………………………………… 126
- 第六节 在线部件及其他特殊设备安装 ……………………………… 128

第七章 阀门安装技术 …………………………………………………… 133
- 第一节 阀门的基础知识 ……………………………………………… 135
- 第二节 阀门的型号和标识 …………………………………………… 142
- 第三节 阀门的试压、安装、维修与操作 …………………………… 143

第八章 管道符合性检查、内部清洁与压力试验 ……………………… 147
- 第一节 管道符合性检查 ……………………………………………… 149
- 第二节 管道内部清洁 ………………………………………………… 149
- 第三节 压力试验 ……………………………………………………… 151
- 第四节 管道防腐涂装与保温隔热施工 ……………………………… 156
- 第五节 管道表面色与标识 …………………………………………… 158

第九章 管道工程施工管理 ……………………………………………… 161
- 第一节 安全施工基本要求 …………………………………………… 163
- 第二节 管道施工安全技术 …………………………………………… 164
- 第三节 安全文明施工管理 …………………………………………… 166
- 第四节 质量跟踪文件 ………………………………………………… 168
- 第五节 班组标准化建设 ……………………………………………… 170
- 第六节 班组施工管理 ………………………………………………… 177

附　录 管道安装工程经验反馈 ………………………………………… 183

参考文献 …………………………………………………………………… 190

第一章

管道工程概论

- 第一节 工业管道的类型
- 第二节 工业管道的分类
- 第三节 工业管道的识别色和安全标识
- 第四节 管道及其组成件的标准化
- 第五节 核电管道分级
- 第六节 核电工程简介

第一节　工业管道的类型

管道是用来输送流体（介质）的一种设备。管道工程按其服务的对象的不同，大体可分为：工业管道，用以在工业生产中输送介质，如图 1-1（a）所示；卫生工程管道（主要指水暖管道），用以改变人们的劳动、工作、生活环境及条件，如图 1-1（b）所示。

（a）工业管道

（b）卫生工程管道

图 1-1　管道

工业管道（Industrial Piping，也称工业配管），是工业（石油、化工、轻工、制药、矿山等）企业内所有管状设施的总称。它是生产制作各种产品过程所需的工艺管道、公用工程管道及其他辅助管道。工业管道有一部分属于压力管道，生产制作的环境变化复杂、输送的介质品种较多、条件较苛刻。工业管道是一个系统，它包括连接的设备设施、管子、阀门、管件、支吊架等，是与航空、公路、铁路并称的最重要的运输系统之一。

工业管道工程主要包括以下三个方面：管道线路工程、站库工程、管道附属工程。

一、管道线路工程

管道线路工程是用管子、管件、阀门等连接管道起点站、中间站和终点站，构成管道运输线路的工程，是管道工程的主体部分。它主要包括管道本体工程、管道防护结构工程、管道穿跨越工程、线路附属工程等。管道本体工程是由管子及管件组成整体的工程。管道防护结构工程包括管道内、外壁防腐，管道保温层等。管道穿跨越工程包括穿越铁路或公路工程、穿跨越河流或峡谷工程、穿山隧道工程以及穿越不良地质地段（如沼泽地、盐渍土地带、地震区和永冻土地带等）工程。线路附属工程包括支线或预留线的管道阀门设施、紧急截断阀门装置、管道排气或排液设施、管道线路检测仪表（如就地检测和远传的压力、温度仪表、清管器通过指示器等）、线路保护和稳管构筑物、地面架设管道的支承结构、线路标志（如里程桩、转角桩、埋设位置标志、穿跨越标志、航空巡视标志）等工程。

二、站库工程

按站库所处位置可分为起点站（首站）、中间站和终点站（末站）。按输送的介质和作用不同，站库又可分为管道输油站和管道输气站。管道输油站包括增压站、加热站、热泵站、减压站和分输站等；管道输气站包括压气站、调压计量站、配气站等。另外，还可以按自动化管理方式分为就地控制站、分区集中控制站和中央集中控制站。

三、附属工程

管道附属工程主要包括沿管道线路修建的通信线路工程、供电线路工程、道路工程等。

管道安装主要是根据设计或施工图纸的要求，选择管道、管件和附件，经过规范的施工方法，将管道、管件和附件组合安装成所需要的管道系统，主要工作内容有① 材料的验收及管理；② 工机具和设备的管理；③ 安装放线和计算下料；④ 管道坡口打磨及焊口组对；⑤ 管道的定位和法兰栓接；⑥ 阀门及在线部件的安装；⑦ 支架及附件的定位、安装；⑧ 质量跟踪文件的填写等。

第二节　工业管道的分类

一、按管道材质分类

工业管道按材质划分为金属管道和非金属管道（见图1-2）。

（1）工业金属管道依照《压力管道安全技术监察规程——工业管道》的规定，按照设计压力、设计温度、介质毒性程度、腐蚀性和火灾危险性划分为 GC1、GC2、GC3 三个等级。GC1 级为有氰化物的气、液管道，液氧充装站的氧气管道。

（2）非金属管道按材质可以分为无机和有机非金属管道，如混凝土、石棉、陶瓷管道等属于无机非金属管道，塑料、玻璃钢、橡胶管道属于有机非金属管道。

（a）混凝土管道

（b）金属管道

（c）玻璃钢管道

图 1-2　各种管道

二、按管道设计压力分类

工业管道输送介质的压力范围很广，从负压到几百兆帕。管道按设计压力可分为真空管道、低压管道、中压管道、高压管道和超高压管道。低压管道 $0.1\ \text{MPa} \leqslant p \leqslant 1.6\ \text{MPa}$，中压管道 $1.6\ \text{MPa} < p \leqslant 10\ \text{MPa}$，高压管道 $10\ \text{MPa} < p \leqslant 100\ \text{MPa}$，超高压管道 $p > 100\ \text{MPa}$，设计压力小于 0.1 MPa 的为真空管道。工业管道多数是按压力来进行分类。

三、按管道输送介质的温度分类

管道按输送介质的温度可分为低温管道、常温管道、中温管道和高温管道。
（1）低温管道：工作温度低于 -40 ℃。
（2）常温管道：工作温度 -40～120 ℃（多指铸铁管道）。
（3）中温管道：工作温度 121～450 ℃（优质碳素钢）。
（4）高温管道：工作温度大于 450 ℃。
特别注意的是，管道是在介质温度和压力长期共同作用下工作的。

四、按管道输送介质的性质分类

按管道输送介质的性质可分为给排水管道、压缩空气管道、氢气管道、氧气管道、乙炔管道、燃气管道、燃油管道、酸碱管道、制冷管道等。

工业管道划分的类别很多，除了上述4种划分外，还有按用途分类，如给水管道、排水管道、流体输送钢管、特种钢管、普通钢管等。按制造方法分类，如焊接钢管、轧制无缝钢管、砂型离心铁管等。

第三节 工业管道的识别色和安全标识

《工业管道的基本识别色、识别符号和安全标识》（GB 7231—2003），规定了工业生产中非地下埋设的气体和液体输送管道的基本识别色、识别符号和安全标识。

一、基本识别色

根据管道所输送介质的一般性能，基本识别色分为8类。例如，水是艳绿色，水蒸气是大红色，空气是淡灰色，气体是中黄色，可燃液体是棕色，其他液体是黑色，氧是淡蓝色，见表1-1。

表1-1 管道基本识别色

物质种类	基本识别色	颜色标准编号
水	艳绿	G03
水蒸气	大红	R03
空气	淡灰	B03
气体	中黄	Y07
酸或碱	紫	P02
可燃液体	棕	YR05
其他液体	黑	
氧	淡蓝	PB06

二、识别符号

工业管道的识别符号由物质名称、流向和主要工艺参数等组成，其标识应符合下列要求。

1. 物质名称的标识

（1）物质全称：如氮气、硫酸、甲醇。

（2）化学分子式：如 N_2、H_2SO_4、CH_3OH。

2. 物质流向的标识

工业管道内物质的流向用箭头表示，如管道内物质的流向是双向的，则以双箭头表示，如图1-3所示。

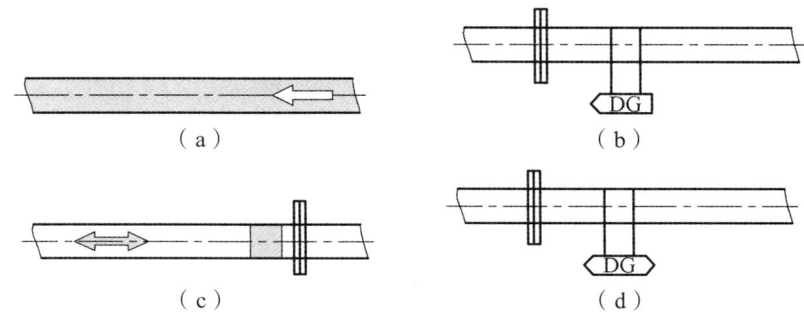

图 1-3　物质流向标识

3. 主要工艺参考标识

物质的压力、温度、流速等主要工艺参数的标识，使用方可按需自行确定采用。

三、危险和消防标识

凡属危险化学品应设置危险标识。标识方法是在管道基本识别色的标识上或附近涂 150 mm 宽黄色，在黄色两侧各涂 25 mm 宽黑色的色环或色带，如图1-4（a）所示。工业生产中设置的消防专用管道应遵守《消防安全标志第 1 部分：标志》（GB 13495.1—2015）的规定，在管道上标识"消防专用"识别符号，如图1-4（b）所示。

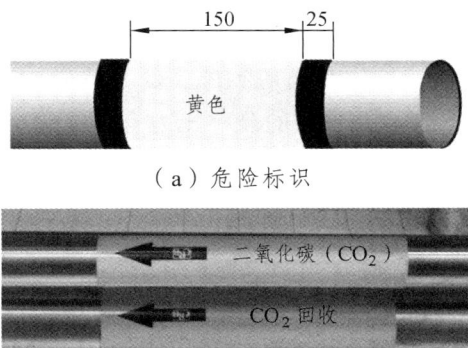

图 1-4　危险和消防标识

第四节　管道及其组成件的标准化

一、管材及管件的通用标准参数

为了使管道和管路附件具有互换性、能批量生产，降低成本，目前管道及管路附件已基本实现了标准化。在我国，每种技术标准都用标准代号表示。统一格式的标准代号由标准类别代号、标准顺序号和颁布年号三部分组成。标准类别代号一般为其汉语拼音的首位字母，如 GB 为强制性国家标准、GB/T 为推荐性国家标准。中华人民共和国国家标准《管道元件 DN（公称尺寸）的定义和选用》的标准代号是 GB/T 1407—2005。

1. 公称直径（DN）

公称直径（或公称通径）是指各种管子与管件能相互连接在一起的标准直径，它是各种管子与管件的通用口径。它不是实际意义上的管道外径或内径，其数值跟管道内径较为接近。它是仅与制造尺寸有关且引用方便的一个圆整数值，不适用于计算。它是管道除了用外径或螺纹尺寸代号标记的元件以外的所有其他元件都通用的一种规格标识（GB/T 1047），在相同（制造）标准，同一公称通径的管子与管件相互连接，具有互换性。

公称通径的系列很多，其中 DN15、DN20、DN25、DN32、DN40、DN50、DN65、DN80、DN100、DN125、DN150 等规格在核电安装工程和建筑设备安装工程中较常用。

2. 公称压力（PN）

工程上常把某种材料在基准温度下的耐压强度称为公称压力，用符号 PN 表示，后面的数字表示公称压力数值，单位符号是 MPa。例如，公称压力为 2.5 MPa（25 bar），写作 PN2.5。国家标准中，管材及管件的公称压力有多个等级。

3. 试验压力（P_s）

试验压力是对管道及其附件进行出厂前压力试验达到的压力，以检验其强度。

4. 工作压力（P）

工作压力是介质在工作温度下的操作压力。在大多数情况下，材料并非在基准温度下工作，温度变化，材料的耐压强度也随之变化。因此，隶属于某一公称压力值的材料，究竟允许承受多大的工作压力，要由介质的工作温度来决定。

5. 英制管螺纹连接管子尺寸

对于采用英制管螺纹连接的管子，其公称直径也习惯上采用英寸（in）为单位，1 mm = 0.039 4 in，1 in = 25.4 mm。常用管道公称直径换算见表1-2。

表1-2 常用管道公称直径换算

公称通径（DN）	英制/in（″）	管外径/mm
6	1/8	10.3
8	1/4	13.7
10	3/8	17.1
15	1/2	21.3
20	3/4	26.7
25	1	33.4
32	1¼	42.2
40	1½	48.3
50	2	60.3
65	2½	73
80	3	88.9
100	4	114.3
150	6	168.3
200	8	219.1
250	10	273
300	12	323.8
350	14	355.6
400	16	406.4
450	18	457
500	20	508
600	24	610

二、常用计量单位及换算公式

1. 尺寸计量单位

工程管道图纸的尺寸为毫米（mm），标高以米（m）为单位。

2. 角　度

角度的标准单位有度（°）、分（′）、秒（″），$1° = 60′ = 3\,600″$。

3. 压　力

工程上常用的压力单位有 Pa、kPa、MPa、bar、大气压、公斤（kgf/cm²）

$1\,\text{MPa} = 1\,000\,\text{kPa}$，$1\,\text{kPa} = 1\,000\,\text{Pa}$，$1\,\text{bar} = 0.1\,\text{MPa}$，$1\,大气压 = 0.1\,\text{MPa} = 1\,公斤$（kgf/cm²）

4. 常用的三角函数公式

（1）如图 1-5 所示在 Rt△ABC 中：∠A 的三角函数为

正弦：$\sin\alpha = BC/AB$；

余弦：$\cos\alpha = AC/AB$；

正切：$\tan\alpha = BC/AC$；

余切：$\cot\alpha = AC/BC$。

（2）余弦定理（任意三角形）：

$a^2 = b^2 + c^2 - 2bc\cos A$；
$b^2 = a^2 + c^2 - 2ac\cos B$；
$c^2 = a^2 + b^2 - 2ab\cos C$。

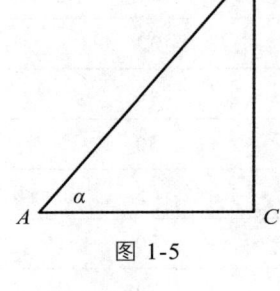

图 1-5

5. 圆弧长公式

$$l = \frac{n\pi R}{180}$$

式中　n——圆弧的弧度；

　　　R——圆弧半径。

6. 勾股定理

直角三角形两直角边（即"勾""股"）边长的平方和等于斜边（即"弦"）边长的平方，即 $a^2 + b^2 = c^2$。

第五节　核电管道分级

一、核电管道分级原则

核电管道分级规定：

安全等级：分为安全 1、2、3 级和安全无级（非安全级）。
质保级：分为质保 1、2、3 级和质保无级（非质保级）。
RCCM 级：分为 RCC-M 1、2、3 级和无级（非 RCC-M 级）。
清洁级：分为 A、B、C 三类。
抗震级：分为抗震级和非抗震级。抗震级又分为抗震 1Ⅰ类、抗震 1A 类和抗震 1F 类。

二、核电管道分级标识规定

RCCM 级管道系统图或管道三维图中，常用三个大写英文字母表示（如 NAD、PMC、AAD、TMC…），第 1 个字母表示压力级别，第 2 个字母表示材料类别，第 3 个字母表示设计规范。

（1）第一个字母标识管线压力级别见表 1-3。

表 1-3 压力级别标识

第一个字母	压力额定值/MPa（psi）
N	2.0（150）
P	5.0（300）
S	10.0（600）
T	15.0（900）
U	25.0（1 500）
V	42.0（2 500）

注：此分级基本取自美国国家标准 ANSI B16.5 的分级标准。

（2）第二个字母标识管道材料分类，见表 1-4。

表 1-4 管道材料分类标识

字母	材料类别
A	碳钢管（如 TU42C、TU48C、16 Mn、20g 等）
C	其他牌号碳素钢管
G	镀锌碳钢
L	碳钢衬胶管
M	不含钼低碳不锈钢管
N	含钼低碳不锈钢管
I	其他品种不锈钢管
S	塑料管
B	铜或铜合金管

（3）第三个字母标识设计采用的规范等级见表 1-5。

表 1-5 管道设计规范等级标识

第三个字母	规范等级
B	RCC-M 1 级（B 卷）
C	RCC-M 2 级（C 卷）
D	RCC-M 3 级（D 卷）
S	非 RCC-M 级

第六节 核电工程简介

一、核电站的组成

目前，核电站的反应堆型主要以压水堆型为主（见图 1-6），它通常分为 3 部分：NI——核岛，CI——常规岛，BOP——电站配套设施。

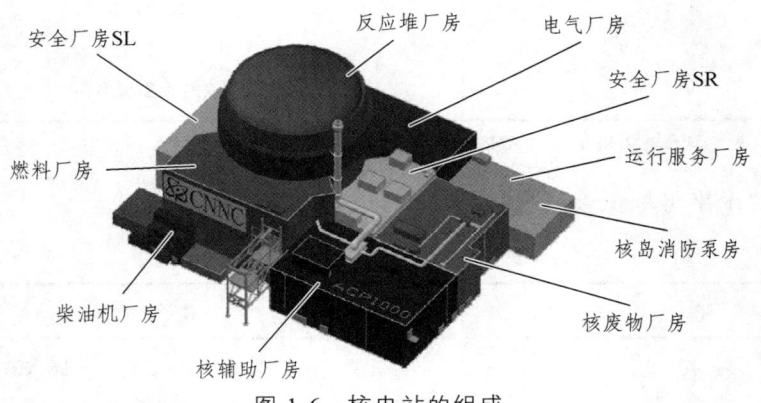

图 1-6 核电站的组成

1. 核　岛

核岛中的系统设备主要有压水堆本体，一回路系统，以及为支持一回路系统正常运行和保证反应堆安全而设置的辅助系统。

2. 常规岛

常规岛主要包括汽轮机组及二回路等系统。

3. 电站配套设施（BOP）

BOP 对不同核电站的划分范围不同，一般指核岛和常规岛以外的配套设施和系统，如水、电、气制备、储存、供应系统，以及一些连接、保障系统等。

二、核电站工作原理

核电站中的能量转换是借助 3 个回路来实现的。反应堆冷却剂在主泵驱动下经反应堆压力容器、蒸汽发生器再回到主泵，这就是一回路流程。

在循环流动过程中，反应堆冷却剂从堆芯带走核裂变产生的热量，并且在蒸汽发生器中，在实体隔离的条件下，通过传热管传递给二回路水，二回路水被加热，生成蒸汽；蒸汽驱动汽轮机、带动同轴的发电机发电；做功后的乏蒸汽在冷凝器内被冷凝为水，再送回蒸汽发生器。这就是二回路流程。

三回路介质是海水，它的作用是把乏蒸汽冷凝为水，同时带走电厂的弃热。

三、核电站建设厂房划分

R：核反应堆厂房；

W：连接厂房；

D：柴油机厂房；

L：电气厂房；

K：核燃料厂房；

N：核辅助厂房；

E：更衣间；

M22：PA（SEC 重要厂用水系统集水井）和 GA（SEC 重要厂用水取水管廊）；

M24：QA（核岛废液储存罐厂房）和 GC（TER/SEL 废液排放管廊）；

M25：QT（中低放射性固体废物暂存库）；

M26：QB（常规岛废液储存厂房）；

M27：MX（3 号汽轮机 ASG 辅助给水除氧器装置）；

M28：MX（汽轮机厂房内 APD 启动给水系统）。

四、核岛 NSSS（核蒸汽供应系统）和 BNI（核岛配套设施）系统对照表

NSSS 和 BNI 系统管道对照见表 1-6 和表 1-7。

表 1-6 核岛 NSSS 系统管道对照

系统缩写	名称	系统缩写	名称
ARE	给水流量控制系统	RIC	堆芯测量系统
ASG	辅助给水系统	RIS	安全注入系统
GCT	汽轮机旁路系统	RPE	核岛排气和疏水系统
PTR	反应堆堆换料水池和乏燃料池水冷却和处理系统	RRA	余热导出系统
RAZ	核岛氮气分配系统	SAR	仪用压缩空气分配系统
RCP	反应堆冷却剂系统	SAT	公用压缩空气分配系统
RCV	化容和容器控制系统	SED	核岛除盐水分配系统
REA	反应堆硼水补给系统	SIR	化学试剂注入系统
REN	核取样系统	VVP	主蒸汽系统

表 1-7 核岛 BNI 系统管道对照

系统缩写	名称	系统缩写	名称
APD	启动给水系统	JPD	消防水分配系统
APG	蒸汽发生器排污系统	JPI	核岛消防系统
ASG	辅助给水系统	JPL	电气厂房消防系统
CVI	凝汽器真空系统	JPP	消防水生产系统
DEG	核岛冷冻水系统	JPV	柴油发电机灭火系统
DEL	电气厂房冷冻水系统	PTR	反应堆换料腔和废燃料池水冷却和处理系统
DVK	核燃料厂房通风系统	RAZ	核岛氮气分配系统
DVN	核辅助厂房通风系统	REA	反应堆硼水补给系统
EAS	安全壳喷淋系统	REN	核取样系统
EBA	安全壳换气通风系统	RPE	核岛排气和疏水系统
ETY	安全壳内大气监测系统	SEP	饮用水系统
RRI	设备冷却水系统	SES	热水生产和分配系统
SAP	压缩空气生产系统	SIR	化学试剂注射系统
SAR	仪用压缩空气分配系统	SRE	放射性废水回收系统
SAT	公用压缩空气分配系统	SVA	辅助蒸汽分配系统
SBE	热洗衣房系统	TEG	废气处理系统
SEC	重要厂用水系统	TEP	硼回收系统
SED	核岛除盐水分配系统	TER	废液排放系统
SHE	废油及非放射性水排放系统	TES	固体废物处理系统
SEO	电厂污水系统	TEU	废液处理系统
SER	常规岛除盐水分配系统		

五、核电工作包

在 CPR1000 核电工程中,业主根据安装工程作业的特点、性质、质量要求和技术难度将核岛安装工作划分为 10 个机电工作包(Electro Mechanical Package,EMP),具体分类见表 1.8。

表 1-8　机电工作包的分类

EMP	名　　称
EM1	重载吊运设备安装
EM2	主回路设备安装
EM3	辅助设备的安装
EM4.1	辅助系统及供水/蒸汽管线的预制
EM4.2	辅助系统及供水/蒸汽管线的安装
EM4.3	碳钢阴极保护管道的安装
EM5	采暖通风空调
EM6	保温预制和安装
EM7	现场制造贮罐
EM8	一般电气安装
EM9	过程仪表安装
EM10	负载小于 40 t 的吊运设备安装

思考与练习

1. 什么是管道?管道安装主要有哪些工作?
2. 工业管道按压力和温度是如何分类的?
3. 工业管道基本识别色分为哪 8 类?
4. 管子的通用标准参数有哪些?
5. 核电站通常由哪些部分组成?

第二章

管道工程识图

- 第一节 管道单、双线图及轴测图
- 第二节 管道的剖面图
- 第三节 管道施工图的组成
- 第四节 核岛管道施工图的识读

第一节　管道单、双线图及轴测图

管道施工图可分为单线图和双线图。单线图是指在图形中仅用单根的粗实线表示的管道和管件的图样。双线图是指在图形中仅用两根线条表示管道和管件的形状，不再用线条表示管道壁厚的图样。

一、管道的单、双线图

三视图中，在主视图中用虚线表示管道的内壁，在俯视图的两个同心圆中，小圆表示管道内壁，大圆表示管道外壁，这是三视图中常用的表示方法，如图 2-1（a）所示。若省去表示管道壁厚的虚线和小圆，就变成了如图 2-1（b）所示的图形，这种仅用双线来表示管子形状的图形叫管道的双线图。如果只用单根粗实线表示管子在立面上的投影，而在俯视图中用一个小圆圈表示，即管子的单线图，如图 2-1（c）所示。

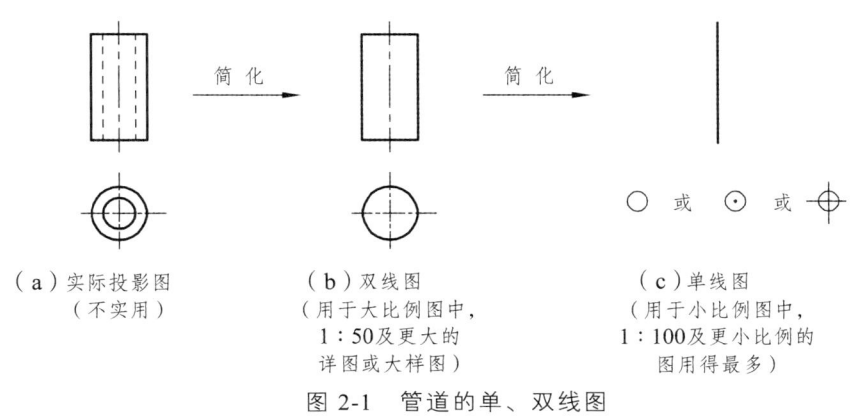

图 2-1　管道的单、双线图

3 种摆放位置情况下，管道的单双线图见表 2-1。

二、管件的单、双线图

1. 弯头的单、双线图

图 2-2 所示是一个 90°弯头的三视图。图 2-3 所示是同一弯头的双线图。在双线图中，不仅表示管子壁厚的虚线可以省略不画，而且弯头部分的投影所产生的虚线部分也可以省略不画。

表 2-1 三种位置的管道单、双线圈

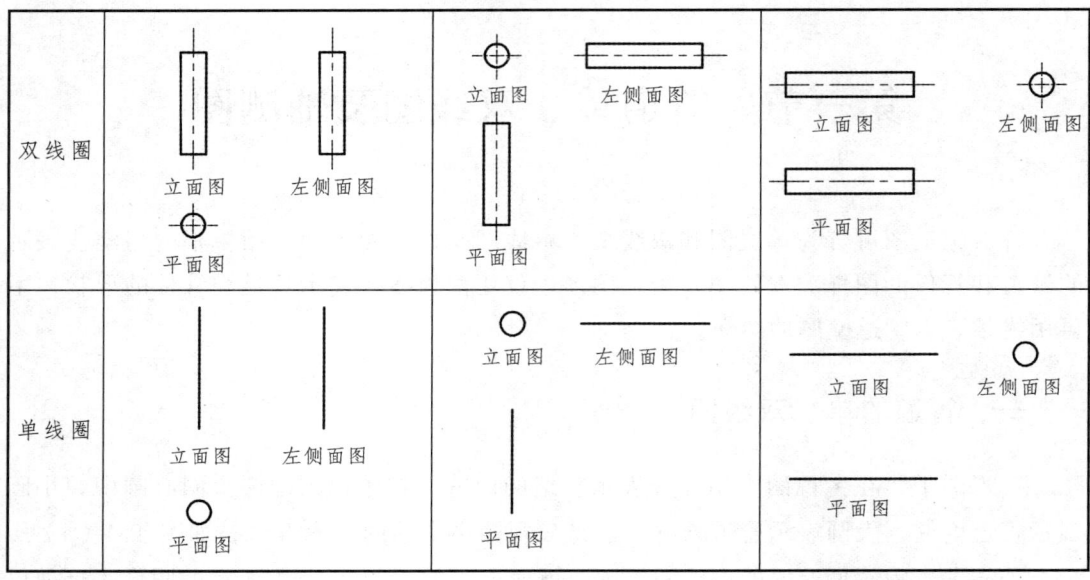

图 2-2 90°弯头的三视图　　　图 2-3 90°弯头的双线图

90°弯头的单线图如图 2-4 所示。在俯视图中上先看到立管的端口，后看到横管，画法与短管的单线图相同。

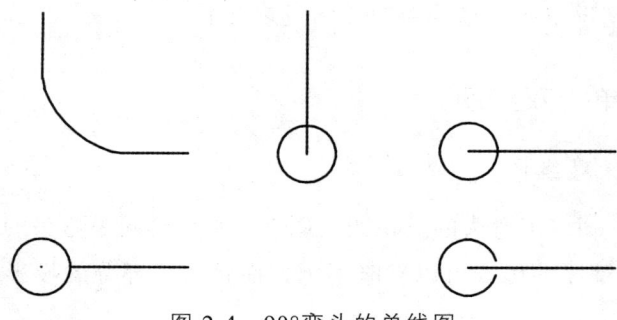

图 2-4 90°弯头的单线图

90°弯头不同摆放时的单、双线图见表2-2。

表2-2　90°弯头的单、双线圈

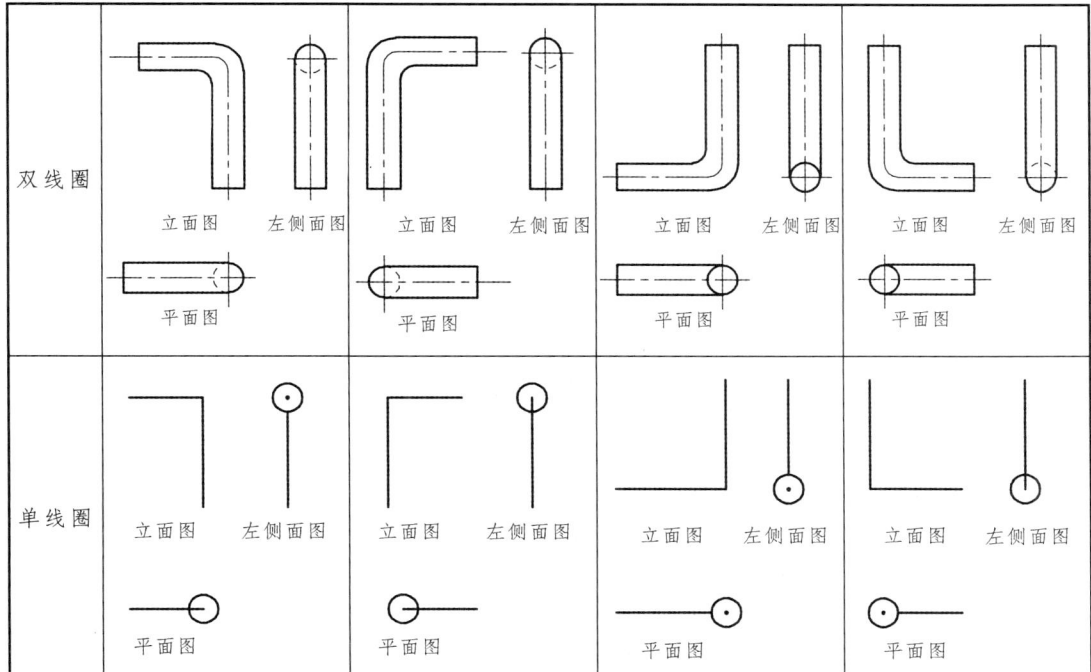

2．三通的单、双线图

等径正三通的三视图和双线图如图2-5所示，画双线图时，表示壁厚的实线和虚线省略不画，仅画外形图线。

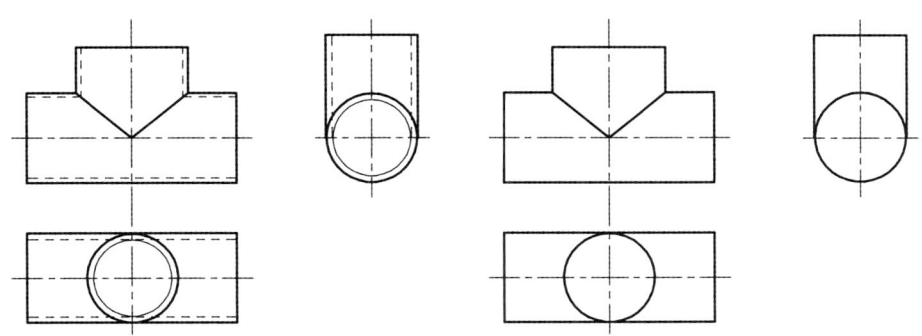

图2-5　等径正三通的三视图和双线图

如图2-6所示，在平面图上，先看到立管端口，故把立管画成一个圆心带点的小圆，横管画到小圆边上。在左侧面图上，先看到横管的端口，因此把横管画成一个圆心带点的小圆，立管画在小圆的两边。在右侧面图上，先看到立管，横管的端口在背面看不到，这时横管画成小圆，立管通过圆心。

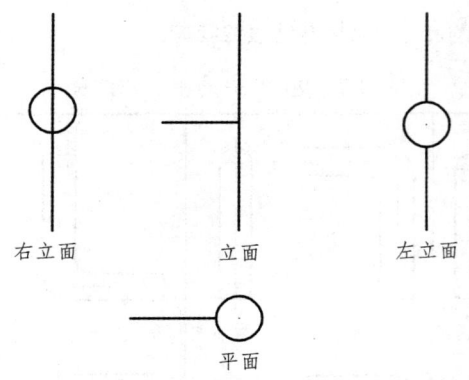

图 2-6 等径正三通的单线图

3. 四通的单、双线图

等径四通的单双线图如图 2-7 所示，其画法与三通的单、双线图相似。

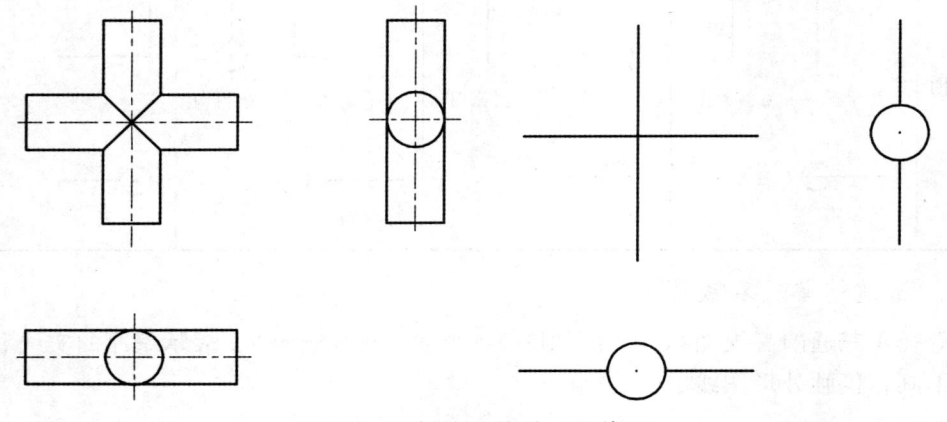

图 2-7 同径四通的单、双线图

4. 大小头的单、双线图

表 2-3 是大小头的单、双线图。同心大小头的单线图有的画成等腰梯形，有的画成等腰三角形，这两种表示的意义相同。

表 2-3 大小头的单、双线图

项　目	同心大小头	偏心大小头
双线圈		
单线圈		

三、管道的轴测图

1. 轴测图的概念

管道轴测图是根据轴测投影原理绘制而成,在平面上用一个图能表达形体三个面上的形状,富有立体感,容易看懂,它是管道施工图的重要图样之一。常用的轴测图有正等测图和斜等测图两种。

2. 正等轴测图

如图 2-8 所示,让投射线方向穿过立方体的对顶角、垂直轴测投影面。把立方体的 X、Y、Z 轴放在同一投影面上的倾角都相等,所得的轴测投影图称正等轴测图。

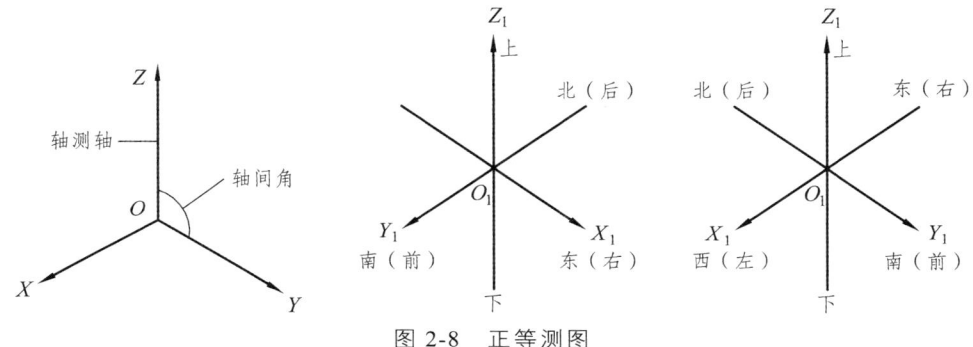

图 2-8　正等测图

（1）轴间角：$\angle XOY = \angle XOZ = \angle YOZ = 120°$。

（2）轴向伸缩系数：$p = q = r = 0.82$。

（3）简化的轴向伸缩系数：$p = q = r \approx 1$。

例 1　把图 2-9 平面图、立面图中的管线画成正等轴测图。

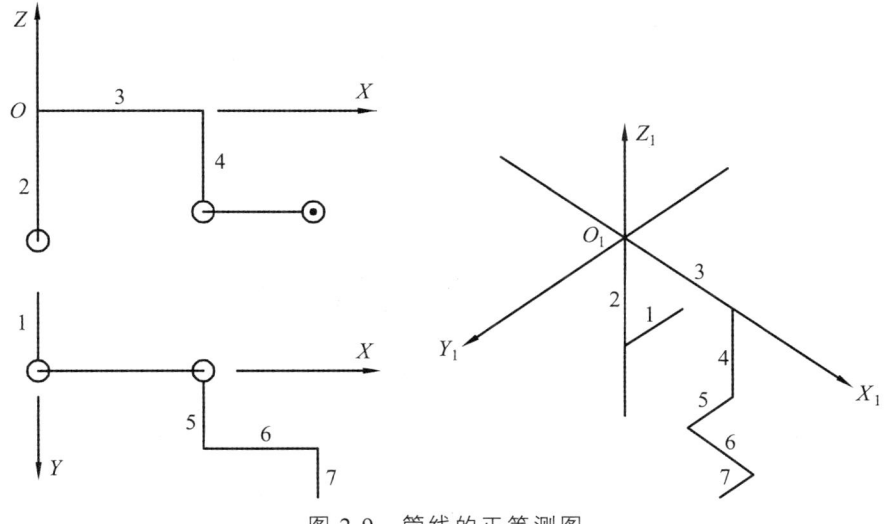

图 2-9　管线的正等测图

3. 斜等测图

管道斜等测图的作图原则及方法,与正等测图基本相同,只是轴间角不同,而且平行于坐标面 XOZ 的圆的斜等测图是反映实形的圆,而在正等测图中却是椭圆。

(1)轴间角:$\angle XOZ = 90°$,$\angle XOY = \angle YOZ = 135°$。

(2)轴向伸缩系数:$p = r = 1$,$q = 0.5$,如图 2-10 所示。

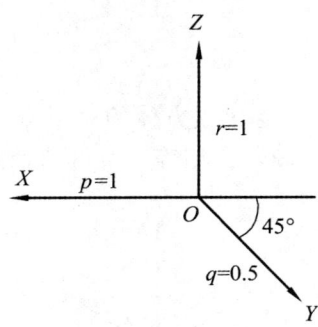

图 2-10 斜等测图

例 2 把图 2-11 的平面图、立面图中的管线画成斜等轴测图。

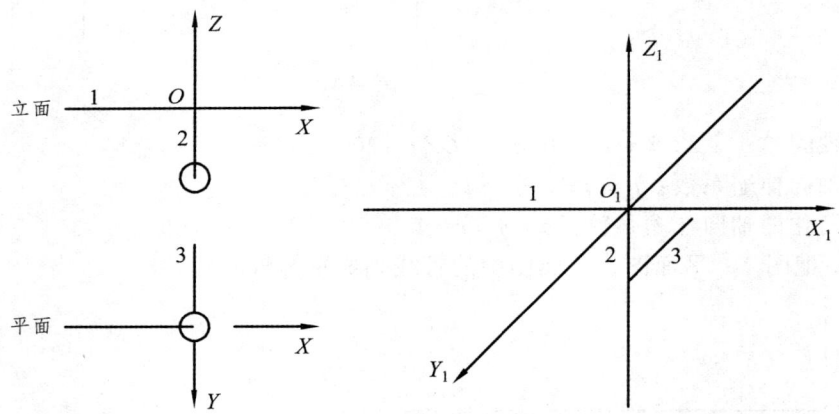

图 2-11 管线的斜等轴测图

第二节 管道的剖面图

在管道安装工程中,往往有多根管道、管件、阀门、设备纵横交错,布置密集(见图 2-12),为了完整、清晰地反映各管线的真实结构和具体尺寸,管道施工图一般采用剖面图来绘制。

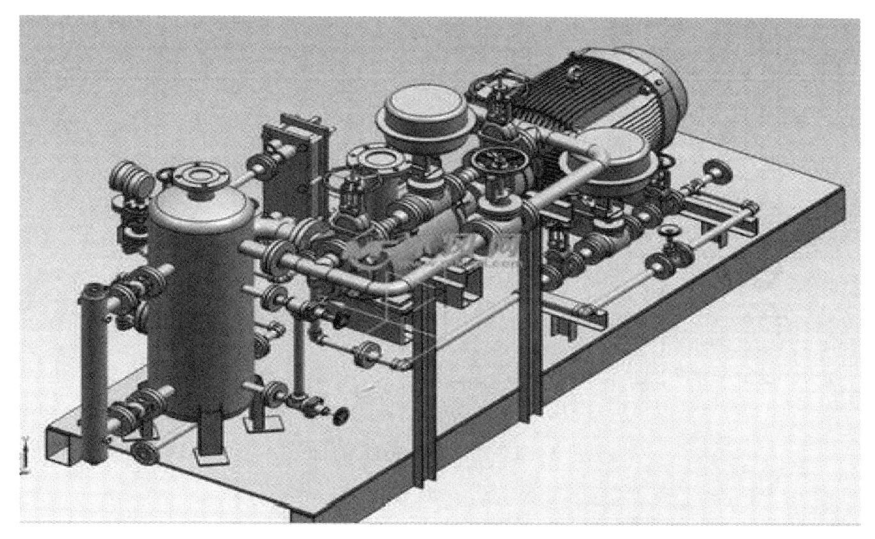

图 2-12　管线布置

管道剖面图是假想用剖切平面在适当位置将管网剖断，移去观察者和剖切平面之间的部分，对剩余管线做正投影而得到的图形。

一、管线间的剖面图（见图 2-13）

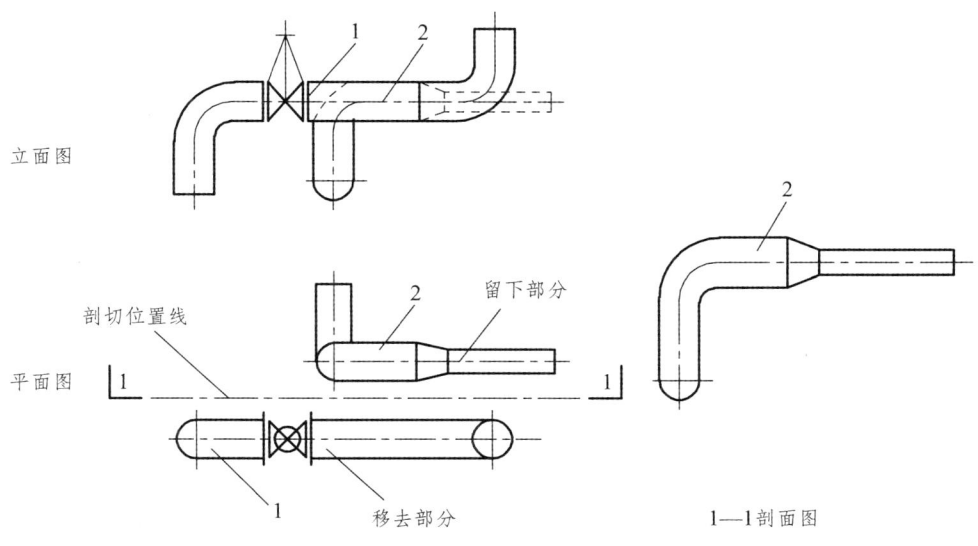

图 2-13　管线间的剖面图

二、管线断面的剖面图（见图 2-14）

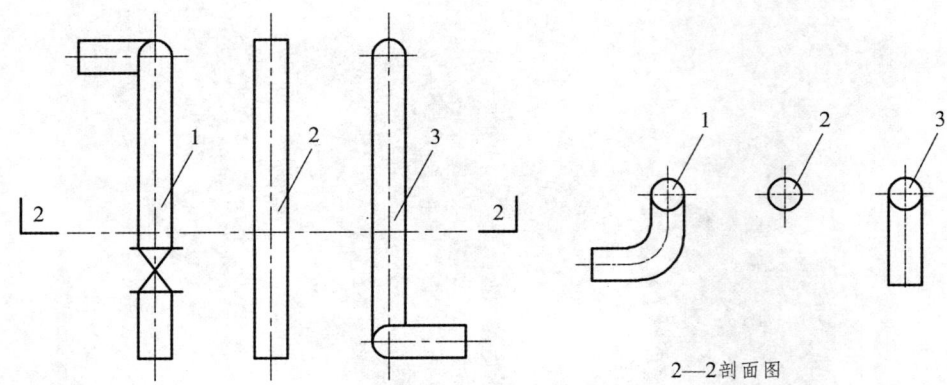

图 2-14　管线断面的剖面图

三、管线间的转折剖面图（见图 2-15）

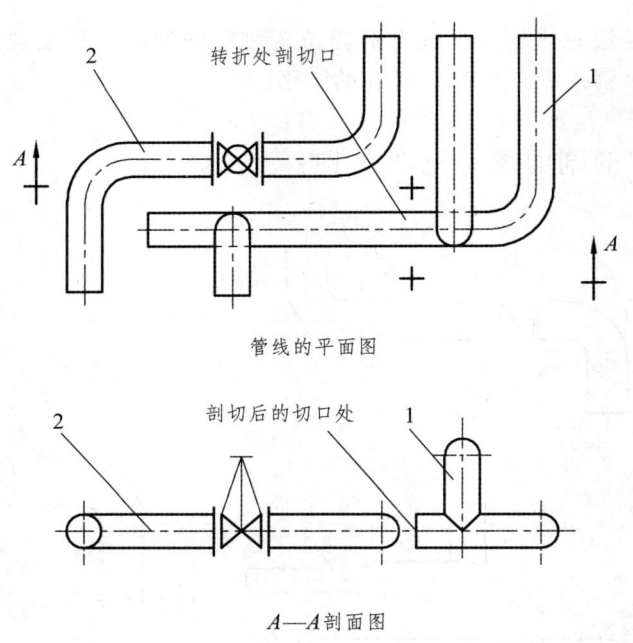

图 2-15　管线间的转折剖面图

由于管线的剖切符号绝大多数都显示在平面图上，因此管道剖面图实际上是对剖切后的剩余部分管道所作的立面图。其识读方法是首先根据平面图中的剖切符号，确定剖切位置和方向，认准剩余部分，然后读剖面图，其方法与管道立面图相同。

第三节　管道施工图的组成

一、工艺管道施工图

在工矿企业中，特别是在石油、化工企业中，按照生产工艺流程的要求，用管道把单个的机械、设备或车间连接成完整的生产工艺系统，这类管道叫工艺管道，它的施工图称为工艺管道施工图，简称工艺管道图。加工过程中，管道安装工主要是识读工艺管道施工图。

1. 工艺管道施工图的组成

工艺管道施工图由基本图和详图两大部分组成。基本图包括图纸目录、施工说明、设备材料表、平面图、立面图、流程图、轴测图等，详图包括节点图、大样图、标准图。

（1）图纸目录。

图纸目录由设计人员把全部施工图纸按其编号、图名顺序填入图纸目录表格所得，同时，表头上标明建设单位、工程项目、分部工程名称、设计日期等。图纸目录装订于封面，以便查阅。

（2）施工说明。

施工说明包括本设计部分的工程概述、设计依据、施工及验收标准规范、主要技术参数，基本（通用）要求和特殊要求、注意事项及其他说明。施工说明用于指导施工技术准备和施工作业。

（3）材料表

材料表是用表格形式把该项工程设计图中主要管道、管件、阀门等的名称、规格、型号、数量进行汇总的明细表。它用于工程规划和材料计划参考。

（4）设备表。

在设备表中列出单项工程所有设备的位号（编号）、名称、型号、规格、技术参数（如主要介质名称、工作压力、工作温度等）、材质、质量以及需要说明的问题。

（5）流程图。

管道流程图（PID）借助统一规定的图形符号和文字代号，用图示方法把建立工艺装置所需的全部设备、仪表、管道及主要管件，按其各自功能及工艺要求组合起来，描述工艺装置的功能。

（6）平面布置图。

管道平面布置图一般根据分层进行设计，按比例绘制图。用于施工前各专业会审、现场施工前规划，指导现场施工逻辑及作业。某草坪喷灌供水平面图如图2-16所示。

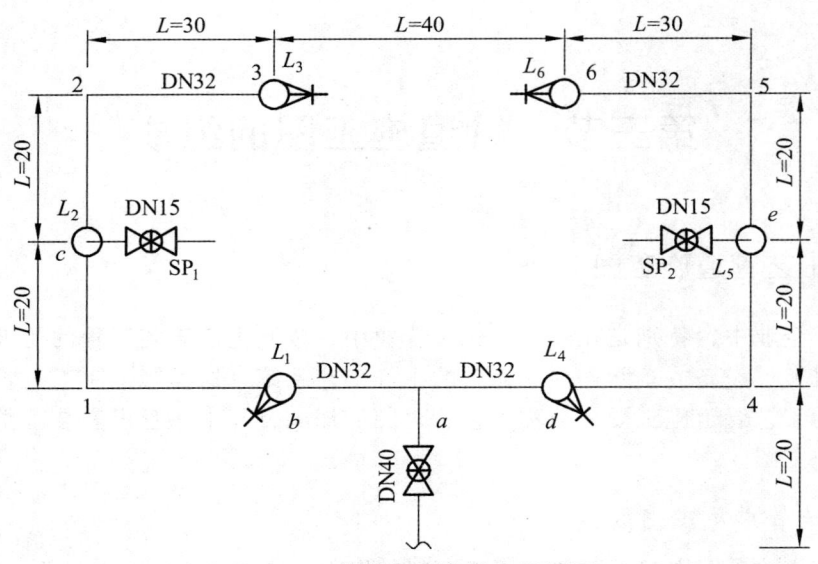

图 2-16 某草坪喷灌供水平面图

（7）轴测图。

管道轴测图，工程中又称管道单线图、ISO 图或管段图等，是将每条管道按照轴测投影方法，绘制成经单线表示的管道空视图（见图 2-17）。管道轴测图便于施工进度的编制、材料的控制、工厂化预制和管道质量检验、检测等。管道轴测图能加快施工进度，保证施工质量以及管道的规范管理。

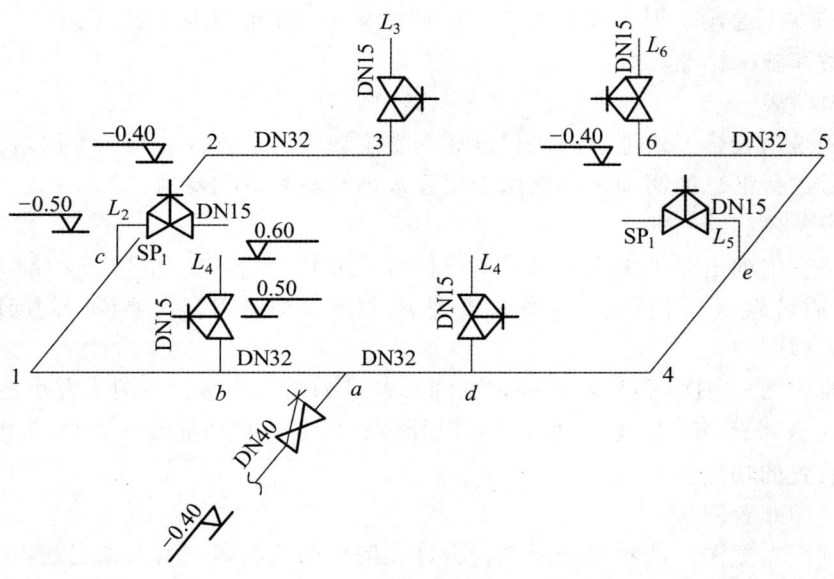

图 2-17 管道轴测图

(8)立面图和剖面图。

立面图和剖面图主要表示设备和管道的立面布置情况，如设备与管道、管道与管道的连接关系，管线在垂直方向上的排列和走向，以及管线编号、管径、标高、坡度、坡向等。在室外管道工程中，沿管道（或管沟）轴线方向垂直剖切所得的剖面图为纵剖面图，垂直于管道（或管沟）轴线剖切所得的视图为横剖面图。

(9)节点图。

节点图是对平面图或其他施工图中表达不清楚部位的局部放大图。它能清楚地表示某一部分管道的详细尺寸、材料及施工做法，指导正确施工。

(10)大样图。

对设计采用的某些非标准化的加工件（如管件、零部件、非标设备等），应采用较大比例（如1：5、1：10等）绘出其大样图，以满足加工、装配、安装的实际要求。

(11)标准图。

标准图又称通用图，是统一施工安装技术要求，具有一定法令性的图纸，设计时不再重复制图，只选用标准图号即可，施工中应严格按照指定图号的图样进行安装。它可以反映设备、器具、支架、附件等的具体安装位置和详细尺寸。

(12)支架组装图。

支架组装图是对支架进行预制和安装的重要依据。管道支架的作用是支撑管道，并限制管道的变形和位移，承受从管道传来的各种压力。

2. 工艺管道施工图的特点

工艺管道图的特点是线条简单、图形复杂。工艺管道图不仅需反映出管子、管件、阀门、支架、设备、仪表等的形状、位置和尺寸，而且需反映出管路内介质的性质、温度、压力和流向等。

二、管道图例及代号

管道图例见表2-4，管道施工图中常用线型见表2-5。

表2-4 管道图例

序号	名称	图例	序号	名称	图例
1	给水管	—— G ——	5	保温管	
2	回水管	—— H ——	6	伸缩器	
3	平面立管		7	套管	
4	金属软管		8	丝堵	

续表

序号	名称	图例	序号	名称	图例
9	闸阀		21	异径管	
10	压力调节阀		22	偏心异径管	
11	升降式止回阀		23	堵板	
12	旋启式止回阀		24	法兰	
13	减压阀		25	法兰连接	
14	电动闸阀		26	丝堵	
15	滚动闸阀		27	入口	RK
16	自动阀门		28	流量孔板	
17	带手动装置的阀门		29	放气管	
18	浮力调节阀		30	防雨罩	
19	密闭式弹簧安全阀		31	地漏	
20	开启式弹簧安全阀		32	压力表	

表 2-5 常用线型

序号	名称	线型	宽度	适用
1	粗实线		b	1. 管道； 2. 图框
2	中实线		$b/2$	1. 辅助管线； 2. 支线
3	细实线		$b/4$	1. 管道阀门的图线； 2. 建筑物、设备的轮廓线； 3. 尺寸标线
4	粗点画线		b	主要管线
5	点画线		$b/4$	1. 定位轴线； 2. 中心线
6	粗虚线		b	1. 地下管线； 2. 遮盖管线
7	虚线		$b/2$	1. 设备内辅助线； 2. 自控仪表连线； 3. 不可见轮廓线
8	波浪线		$b/4$	1. 边界线； 2. 构造层次的局部界线

三、管道施工图的表示方法

1. 标　高

地面点到高程基准面的铅垂距离,称为该点的标高。标高分绝对标高和相对标高两种。

我国把青岛黄海平均海水面定为绝对标高的基准面,其绝对标高为零,记作±0.000。地面上某点到黄海平均海水面的铅垂距离,叫作该点的绝对标高。

相对标高以任意指定的水准面为基准面,其标高定为±0.000。地面上某点到该指定水准面的铅垂距离,叫作该点的相对标高。

标高以米为单位,标高数值一般注写到小数点后三位。

管道标高应标在起讫点、转角点、连接点、变坡点、交叉点等处。

2. 坡度及坡向

坡度表示管道对水平线或水平面的倾斜程度,用 i 表示(如 1%表示 $i=0.01$)。坡向用箭头表示,箭头指向低的一端,如图2-18所示。

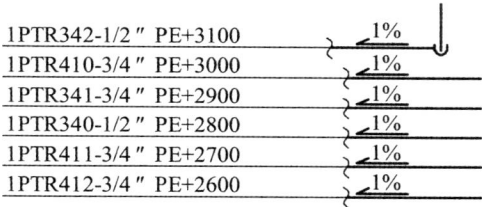

图 2-18　管道坡度

3. 方向标

管道施工图中的方向标通常为指北针(见图2-19)或风玫瑰图(见图2-20)。

图 2-19　指北针　　　图 2-20　风玫瑰图

4. 管径标注

管径尺寸一般以毫米为单位;在标注时,只注代号和数字,而不注单位。管径以公称直径 DN 表示,如 DN15;无缝钢管、直缝或螺旋缝电焊钢管,管径以外径×壁厚表示,如 D108×4;耐酸瓷管、混凝土管、钢筋混凝土管等,管径应以内径 d 表示。

第四节　核岛管道施工图的识读

一、管道施工图的组成

1. 管道平面综合布置图（PIPING PLAN VIEW）

管道平面综合布置图明确表示了管道所在区域上管道与管道、管道与土建结构之间的相互关系，它是安装人员进行管道定位和合理安排施工顺序的一个重要依据。管道平面图的主要内容包括区域、房间、管线号、管线标号、管线定位尺寸。值得一提的是，对于直径大于 2 英寸的管线，在管道平面综合布置图上以双线绘制。

2. 等轴图（ISOMETRICS）

等轴图是将系统的某一管线或某几根管线按照设计划分原则分成若干段，每一段按类似正轴测图的方向汇制而成，主要内容包括管线号、管段号、焊缝号（现场焊与预制焊）、管道标高、位置尺寸、管道及零件的材料、房间号、区域号、材料跟踪表、RCCM 级别、清洁度级别（内部清洁度级别）、介质、管道级别、保温与否、上下游接口等信息。

3. 支架图

支架图是描述支架功能、结构形式、尺寸、安装位置、材料等信息的预制和安装图纸，主要内容包括房间号、区域号、机组、支架编号、支架功能、支架的材料及材料的跟踪、支架与房间、墙的相互关系及坐标。

4. 设备图

设备图描述了某些特殊部件，如贯穿件、流量测量孔板、分支管接头（BOSS）、漏斗、半连管节等部件的详细尺寸，接头形式及焊缝要求，它可作为加工制作的依据。核电工程中，有很大一部分管件以成品形式供货，仅有一小部分要预制。这些部件在等轴图上已列出相应的材料表，且等轴图上已列出相应图号。它是等轴图的一种配套使用图纸。

5. 详细布置图

该种类型的图纸更详细地描述了管道及其相关的其他机电包的管道、设备情况，一般情况下，不发到现场，当需要了解其他设备与管道位置尺寸时，才参考使用。

6. 支架位置指示图

支架位置指示图描述了支架与土建结构的位置关系。根据设计单位不同，支架位置图表示的支架位置的程度不同，有的设计单位，支架位置图仅表示相对位置。支架位置图最大的特点是重点表示支架位置，而管道位置并不明确表示（有的情况下，管道位置也有表示）。

7. 水压试验流程图

水压试验流程图作为水压试验的依据，按试验系统进行划分。图中规定了试验边界、工作压力、试验压力、试验温度、试验介质以及相应的管线号、等轴图号、阀门、相关设备等。值得注意的是，水压试验回路上明确了试压时的注水、排水、放空点的相对位置，要想知道真正位置，应按相关的等轴图查询。

二、图纸状态

图纸状态见表 2-6，图纸的升版顺序见表 2-7。

表 2-6 文件状态表

代号	英文名称	中文名称
PRE	PRELIMINARY	待批准的预备状态
CFC	CERTIFIED FOR CONSTUCTION OR FOR USE	已核准，可执行工作状态
VFC	VERIFIED FOR CONSTRUCTION	已核准，可进行安装的有效状态
VFT	VERIFIED FOR TEST	已核准，可进行试验的有效状态
CAE	CERTIFIED AS EXECUTED OR AS BUILT	竣工状态

表 2-7 图纸的升版顺序

升版顺序 1	A、B、C…
升版顺序 2	A1、A2、A3…
升版顺序 3	AA、AB、AC…

三、图例及代号

1. 图纸和支架手册中的符号、字母代号及缩写

图纸和支架手册中的符号、字母代号及缩写见表 2-8。

表 2-8 图纸和支架手册中的符号、字母代号及缩写

符号或缩写	英文解释	中文解释	图纸类型
EL	ELEVATION	标高	
PE	CENTER ELEVATION	中心标高	
FW	FIELD WELD	现场焊	
FPW	FULL PENETRATION WELD	全透焊	
TOS	TOP OF STEEL	钢梁顶部、钢件顶部	
TOP	TOP OF PIPE	管道顶部标高	
&	AND	和，或	
UPE	channel	槽钢	支架图
THK	THICKNESS	厚度	
TOP VIEW		俯视	
PLAN	PLAN	平面	
ELEV	ELEVATION	正视、立面图	
DETAIL	DETAIL DRAWING	详图	
V3210	WALL NUMBER	墙壁标识	等轴图
750 + 50	750 THEORETICAL	理论尺寸（750）现场调节尺寸（50）	
	DIMENSION 50 ADJUSTMENT DIMENDION	尺寸（800）	
SS	STAINLESS STELL/SEAMLESS	不锈钢/无缝	
-----------	INSULATED	保温	等轴图
CS	COMMON	公用支架	
PL	PLATE	板材，钢板	
=======		伴热管道	等轴图

2. 等轴图图例符号

等轴图图例符号见表 2-9。

表 2-9 等轴图图例符号

图例	英文名称	中文名称	适用条件
	INSERT REDUER REDUCED COUPLING	承插式大小头，大小头联管节	$\phi \leqslant 2''$
	FLANGE + BLIND FLANGE（SW）	（承插焊）法兰 + 盲板法兰	$\phi \leqslant 2''$
	FLANGE ASSEMBLY（SW）	法兰连接，配对法兰（法兰与接管为承插焊）	$\phi \leqslant 2''$
	FLANGE ASSEMBLY WITH ORIFICE PLATE	带节流孔板的法兰组件	$\phi \leqslant 2''$
	UNION COUPLING	螺纹联管节	$\phi \leqslant 2''$
	BENDLING	弯管	$\phi \leqslant 2''$
	MANUAL VALVE	手动阀	$\phi \leqslant 2''$
	SAFETY VALVE	安全阀	$\phi \leqslant 2''$

续表

图例	英文名称	中文名称	适用条件
	PNEUMATIC VALVE	气动阀	$\phi \leq 2''$
	CHECK VALVE	止回阀	$\phi \leq 2''$
	DRAIN TRAP	疏水器	$\phi \leq 2''$
	FLOW INDICATOR	流量指示器	$\phi \leq 2''$
	FUNNEL	漏斗	$\phi \leq 2''$
	WALL PENETRATION	穿墙管，贯穿件	
	HORIZONTAL OFFSET OR PIPE ORIENTATION IN THE GLOBAL AXIS SYSTEM	在三维坐标中，管道水平方向的任意转向	所有直径
	VERTICAL OFFSET	管道垂直转向	所有直径

续表

图例	英文名称	中文名称	适用条件
	COMPOUND OFFSET	空间转向	所有直径
	DIRECTION OF FLOW	介质流向	所有直径
	SLOPE	管道坡度及方向	所有直径
	PIPE SUPPORT	管道支架	所有直径
	ANGLE FORMED BY WALLS AND WALL NUMBERS	墙角及墙壁标识号	
	AXIS SYSTEM （GENERALLY FOR EQUIPMENT） IF RB, REACTOR, BUILDING AXIS	坐标系（通常指设备）如果是"RB"则指反应堆厂房轴线	等轴图
	NOZZLE	接嘴，接管	
	TEMPERATURE NOZZLE	温度检测接嘴，测温接管	

续表

图例	英文名称	中文名称	适用条件
	INSTRUMENTATION MARK	自控仪表标示符号	
	WORKSHOP WELD（BW）	车间焊接（对接焊）	φ>2″
	FIELD WELD AT ERECTION（BW）	安装时现场焊（对接焊）	φ>2″
	ADJUSTMENT LENGTH AND FIELD WELD AT ERECTION（BW）	现场调整长度及现场焊（对接焊）	φ>2″
	SAFETY VALVE	安全阀	所有直径
	THREE GATE VALVE	三通阀	所有直径
	MASK FOR SPECIAL COMPONENT AND MARK（SEE PIPING COMPONENT BOOK）	特殊部件及标志的防护罩（见管道零部件手册）	
	NIPPLE	螺纹管接头、螺纹接管	
	PIPE CROSSING THROUGH METALLING FLOOR	管道穿过金属楼面的表示方法	
	PIPE CROSSING THROUGH CONCRETE FLOOR OR WALL	管道穿过混凝土楼面的表示方法	

续表

图例	英文名称	中文名称	适用条件
	MARK FOR STRAIGHT PIPE RUNS	直管段标示符号	
	ROOM NUMBER	房间号	
	SUPPIY LIMIT	供货界线	
	GENERAL AXIS SYSTEM	坐标，坐标系	
	SOCKET WELD CONNECTION TO A NOZZLE	与接管承插焊连接	$\phi \leq 2''$
	COUPLING	联管节	$\phi \leq 2''$
	HALF GOUPLING	半联管节	主管>2″ 支管≤2″
	CAP	管帽、管封头	$\phi \leq 2''$

3. 图纸的其他说明

CI：接等轴图（Continue Isometric）；
A⋯⋯：车间焊口号（number of shop weld）；
M⋯⋯：现场焊口号（number of field weld）；
FW = 现场焊（field weld）；
FPW = 全透焊（full penetration）。

四、核岛管道施工图的识读方法

1. 识图方法

一般应遵循从整体到局部、从大到小、从粗到细的原则，同时要将各种图样对照看，以便逐步深入和逐步细化。看图过程是一个从平面到空间的过程，必须利用投影还原的方法，再现图样上各种线条、符号所代表的管线、阀门、在线部件、设备的空间位置及管线的走向。

2. 管道平面综合布置图识读内容

（1）首先看标题栏，从标题栏中应了解图名、图号、文件编码、设计单位等。
（2）了解建筑物的朝向、基本构造、轴线分布及有关尺寸。
（3）了解设备的编号、名称、平面定位尺寸、接管方向及其标高。
（4）掌握各条管线的编号、平面位置、管道及管线附件的规格、型号、数量。

3. 等轴图的识读内容

（1）首先看标题栏，从标题栏中应了解图名、文件编码、设计单位、版本等。
（2）掌握各管线系统的空间立体走向，弄清楚管线标高、坡度及管线的走向。
（3）了解各管线之间的连接方式，掌握管件、阀门的规格、型号、数量。
（4）了解管线与设备的连接方式，连接方向及要求。
（5）了解管线的 RCCM 级别、清洁度级别（内部清洁度级别）、介质、管道级别。

4. 支架图的识读内容

（1）首先看标题栏，从标题栏中应了解图名、文件编码、设计单位、版本等。
（2）掌握支架的功能、支架材料的规格、型号、数量。
（3）了解支架所支撑管道的管线号、管道级别和尺寸。
（4）了解支架安装的方向问题，一级支架是安装在墙、地面还是天花板上。

5. 水压试验流程图的识读内容

（1）首先看标题栏，从标题栏中应了解图名、文件编码、设计单位、版本等。
（2）掌握试验边界、工作压力、试验压力、试验温度、试验介质等。
（3）了解相应的管线号、阀门、相关设备等。

思考与练习

1. 依照图 2-21 和图 2-22，画出异径四通、法兰阀的单、双线图。

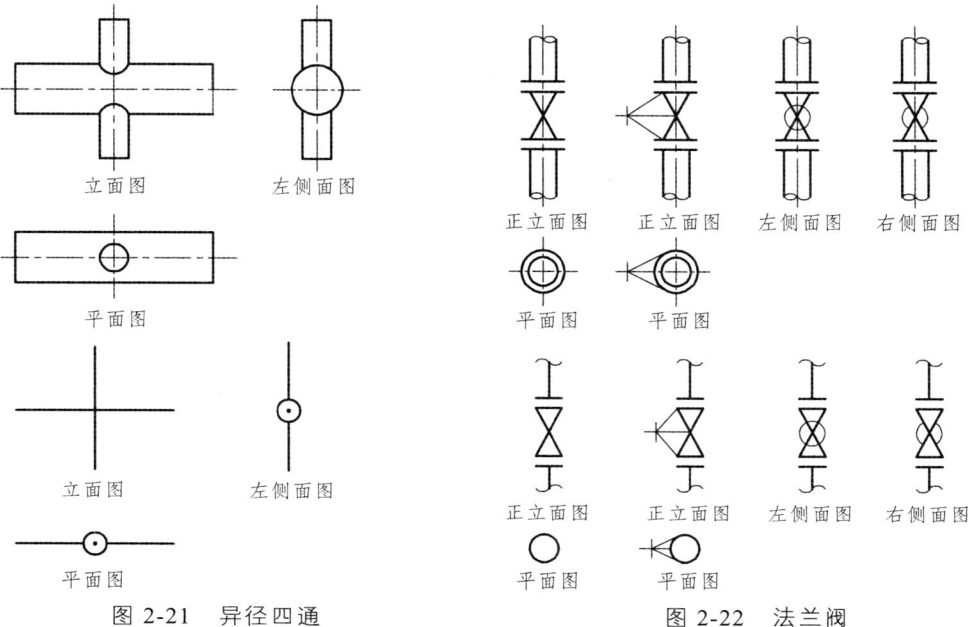

图 2-21 异径四通　　　　　　图 2-22 法兰阀

2. 参照图 2-23 进行轴测图练习。

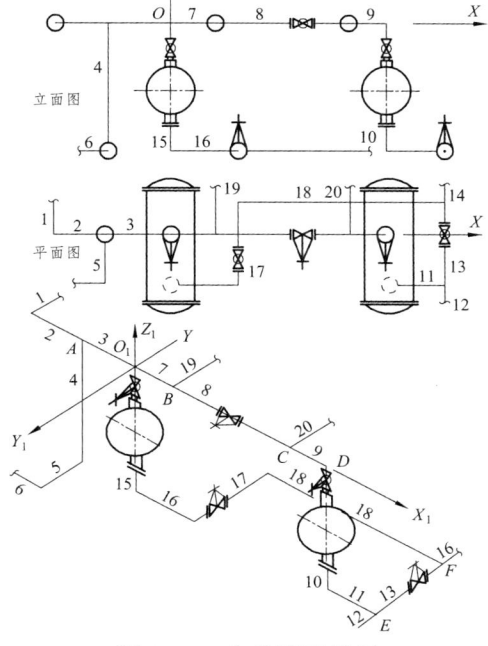

图 2-23 交换器配管图

第三章

管道工程常用管材、管路附件与机具

- 第一节 常用管材与管件
- 第二节 常用的辅助材料
- 第三节 管道安装常用工量具

第一节 常用管材与管件

工艺管道系统中使用的管道材料，一般包括管子、管件、阀门、法兰、垫片和紧固件以及其他管道组成件，如过滤器、金属软管、阻尼器等。

一、管　材

管材的分类方法很多，按材质分类可分为金属管、非金属管和钢衬非金属复合管。非金属管主要有橡胶管、塑料管、石棉水泥管、石墨管、环氧树脂玻璃钢管等，本节主要介绍金属管材。

1. 焊接钢管

焊接钢管，也称有缝钢管，一般由钢板或钢带卷焊而成。按管材的表面处理形式分为镀锌和不镀锌两种。

2. 无缝钢管

无缝钢管，是工业管道中用量最大、品种规格最多的管材，基本上分为流体输送用无缝钢管和带有专用性的无缝钢管两大类，工艺管道常用的是流体输送用无缝钢管。

3. 铜　管

铜管分紫铜管和黄铜管两种。铜管的适用工作温度在 250 ℃ 以下，核岛内只在氮气分配系统（RAZ）和氮气储存系统（SAZ）及某些阀门上使用紫铜管。

二、管　件

在管道系统中改变走向、标高或改变管径以及由主管上引出支管等均需用管件。常用的管件有弯头、三通、异径管、管接头、管帽等，如图 3-1 所示。

　　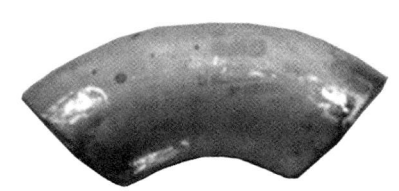

　　　　（a）等径三通　　　　　　　　　　（b）90°对接弯头

（c）同心大小头

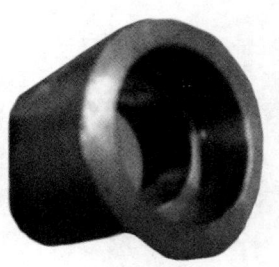
（d）管接头

（e）承插管帽

（g）内螺纹管接头

图 3-1　管件系列

三、法兰、垫片及紧固件

1. 法　兰

法兰是工艺管道上起连接作用的一种部件。采用法兰连接使管道既有安装拆卸的灵活性，又有可靠的密封性。

工艺管道所输送的介质，种类繁多，温度和压力也不同，因此对法兰的强度和密封，提出了不同的要求。

（1）平焊钢法兰。

平焊钢法兰（见图 3-2），是中低压工艺管道最常用的一种。这种法兰与管子的固定形式，是将法兰套在管端，焊接法兰里口和外口，使法兰固定。

图 3-2　平焊钢法兰

（2）对焊法兰。

对焊钢法兰（见图 3-3），也称高颈法兰。它的强度大不易变形、密封性能较好，有多种形式的密封面，适用的压力范围很广。

图 3-3　对焊法兰

（3）带颈承插焊法兰。

带颈承插焊法兰如图 3-4 所示。

图 3-4　带颈承插焊法兰

（4）带颈平焊法兰。

带颈平焊法兰（见图 3-5）同板式平焊法兰一样也是将钢管、管件等伸入法兰内通过角焊缝与设备或管道连接的法兰。

图 3-5　带颈平焊法兰

（5）松套法兰。

松套法兰如图 3-6 所示。

图 3-6　松套法兰

2. 法兰垫片

泄漏是管法兰失效的主要形式，它与密封结构形式、被连接件的刚度、密封件的性能、操作和安装等许多因素有关。垫片是法兰连接的主要密封件，正确选用垫片也是保证法兰连接不泄漏的关键。法兰垫片根据管道所输送介质的腐蚀性、温度、压力及法兰密封面的形式选用种类很多。垫片有金属缠绕垫片（见图 3-7）、石墨垫片（见图 3-8）、橡胶垫片、石棉垫片等。

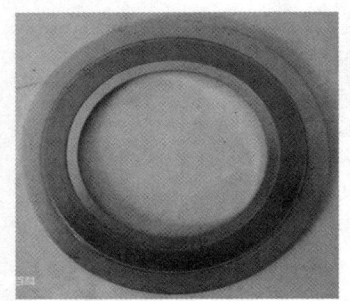 

图 3-7　钢内外环金属缠绕垫片　　　　图 3-8　石墨垫片

3. 法兰用紧固件

用于连接法兰的紧固件，由螺栓、螺母和锁片组成，如图 3-9 所示。

图 3-9　螺栓、螺母

第二节 常用的辅助材料

要形成一个完整的管道系统,仅有管材、管件和阀门是不够的,还应有一些其他材料作为辅助。例如,需要支架对管道进行固定,需要石墨垫片对法兰连接进行密封等。

一、常用的型钢

在管道工程中,型钢主要用来制作管道支架和支座。常用的型钢主要有角钢、槽钢、工字钢、钢板等。核岛辅助管道工程中所用的型钢多为碳素结构钢。

1. 角 钢

管道工程中使用的角钢(见图3-10)有等边角钢和不等边角钢两种,主要用于制作管道支架等。其规格以边宽度×边宽度×边厚度的毫米数表示。例如,角钢 $30 \times 30 \times 4$ 表示两边宽度均为 30 mm,边厚度为 4 mm 的等边角钢。

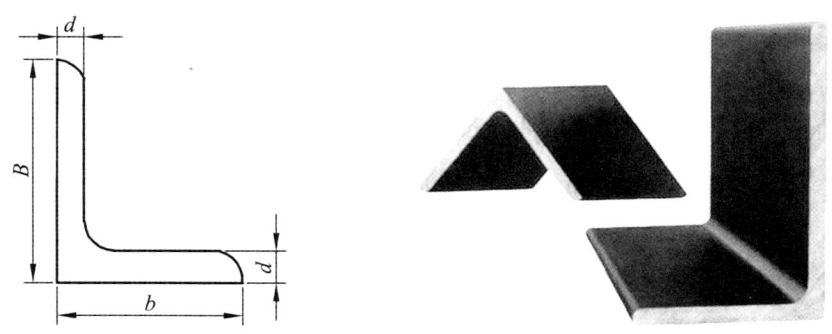

图 3-10 等边角钢

2. 槽 钢

槽钢是截面为凹槽形的长条钢材(见图3-11),主要用于制作管道及其设备支架等。其规格以高度(h)×宽度(b)×厚度(d)的毫米数表示。例如,槽钢 $100 \times 48 \times 5.3$,表示高度为 100 mm,宽度为 48 mm,厚度为 5.3 mm 的槽钢,也就是通常所说的 10 号槽钢。槽钢的型号就是槽钢的高度(注意,此时高度的单位是厘米,而不是毫米)。

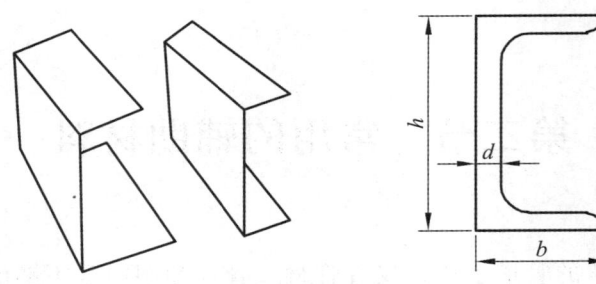

图 3-11　槽钢

3. 工字钢

工字钢是截面为工字形状的长条钢材（见图 3-12）。主要用于制作管道及其设备支架等。其规格以高度（h）×宽度（b）×厚度（d）的毫米数表示。例如，工字钢 $100 \times 68 \times 4.5$，表示高度为 100 mm，宽度为 68 mm，厚度为 4.5 mm 的工字钢，也就是通常所说的 10 号工字钢。工字钢的型号就是工字钢的高度（注意，此时高度的单位是厘米，而不是毫米）。

图 3-12　工字钢

4. H 型钢

H 型钢（见图 3-13）规格表示：高度（h）×宽度（b）×腹板厚度（d）×翼缘厚度（t），单位毫米。

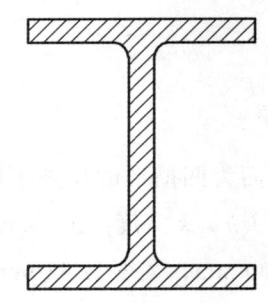

图 3-13　H 型钢

5. 钢　　板

钢板的种类较多，管道工程使用的主要是碳钢板、不锈钢板等。薄钢板尺寸的表示方法：厚度×宽度×长度，单位毫米。在管道安装工程中，钢板主要用于制作管道支架等。

二、常用的管卡、管夹

在管道工程中，管卡用于固定管道。管卡的种类较多，有圆钢制作的 U 形管卡，扁钢制作的管夹，如图 3-14 至图 3-19 所示。

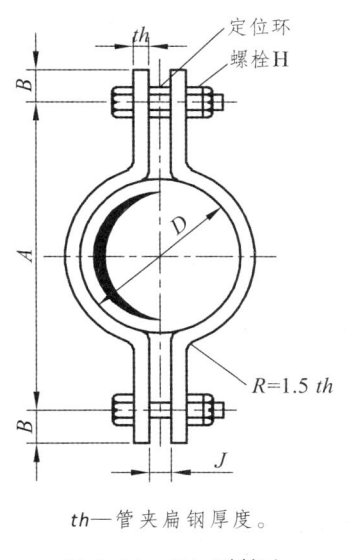

图 3-14　CA 型管夹

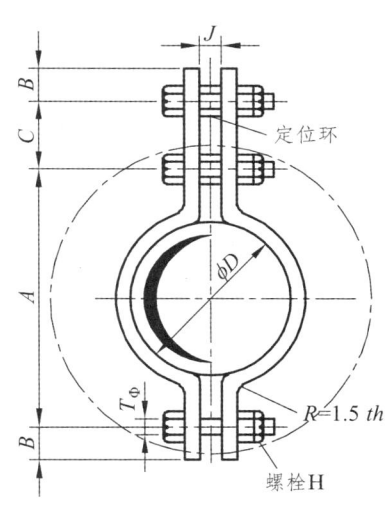

图 3-15　CD 型管夹

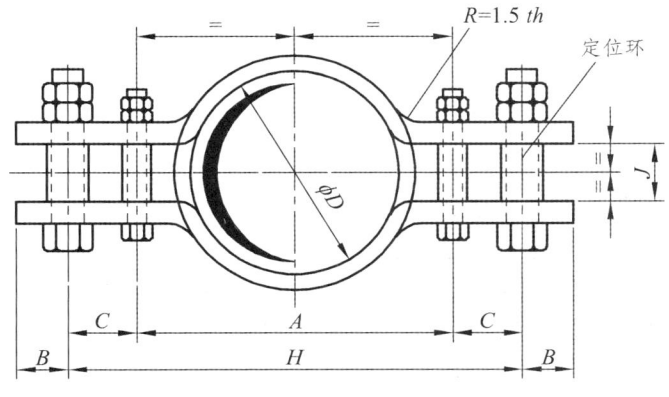

图 3-16　CF 型管夹

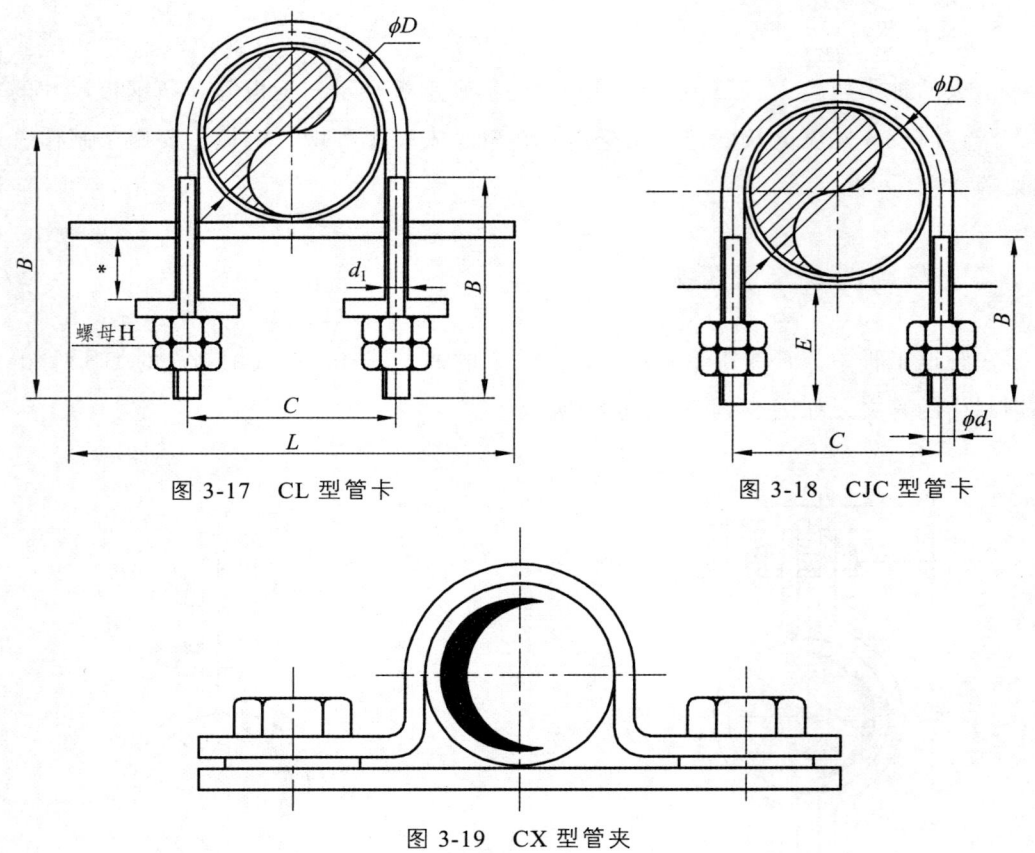

图 3-17　CL 型管卡　　　　　图 3-18　CJC 型管卡

图 3-19　CX 型管夹

第三节　管道安装常用工量具

一、常用工机具

1. 角向磨光机（见图 3-20）

角向磨光机使用注意事项如下：

（1）作业前，检查角向磨光机应符合下列要求：外壳、手柄不出现裂缝、破损；电缆软线及插头等完好无损，开关动作正常；防护罩齐全牢固，保护装置可靠。

（2）为避免意外地开动机器，接通电源前，务必检查机器开关是否处在关闭的位置。

（3）新领用的、检修过的、更换配件、砂轮片的磨光机需要空转试运行 1~2 min，必须检查并确认机具联动灵活无阻。

（4）作业时，加力应平稳，严禁用力过猛。

（5）使用角向磨光机时，应牢牢握住工具的操作柄和侧柄。

（6）作业中注意声响及升温，发现异常应立即停机检查。在作业时间过长，机具温度过高时，应停机，自然冷却后再进行作业。

（7）高空徒手切割或打磨时，必须戴安全帽、系安全带、戴防护面罩等，做好防护措施，站立点必须稳妥，并有一定的操作空间。

（8）当听到异常声响，应立即停机，交专业人员检修，不得私自拆开和维修磨光机。

（9）经常清理电动工具的通风口，过多的金属粉末沉积会导致触电危险。

（10）在磨光机不使用时断开电源，避免磨光机误启动伤人。

图 3-20　角向磨光机

2. 砂轮切割机（见图 3-21）

砂轮切割机使用注意事项如下：

（1）工作前必须着好劳动防护用品，检查设备是否有合格的接地线。

（2）要检查确认砂轮切割机是否完好，砂轮片是否有裂纹等缺陷，禁止使用带病设备和不合格的砂轮片。

（3）切料时不可用力过猛或突然撞击，遇到有异常情况要立即关闭电源。

（4）被切割的料要用台钳夹紧，不准一人扶料一人切料，并且在切料时必须站在砂轮片的侧面。

（5）设备停稳后，才能更换砂轮片，且在更换前要对砂轮片进行检查确认。

（6）操作中，机架上不准存放工具和其他物品。

（7）砂轮切割机应放在平稳的地面上，远离易燃物品，电源线应接漏电保护装置。

（8）砂轮切割片应按要求安装，试起动运转平稳后，方可开始工作。

（9）卡紧装置应安全可靠，以防工件松动出现意外。

（10）切割时，操作人员应均匀切割并避开切割片正面，防止因操作不当切割片打碎，发生事故。

（11）工作完毕应擦拭砂轮切割机表面灰尘和清理工作场所，露天存放应有防雨措施。

图 3-21　砂轮切割机

3．手枪电钻（见图 3-22）

手枪电钻使用注意事项如下：

（1）手枪电钻只适合钻金属、木头等，不能对混凝土钻孔。

（2）面部朝上作业时，要戴防护面罩。在生铁铸件上钻孔要戴好防护眼镜。

（3）确认现场所接电源与电钻铭牌是否相符，是否接有漏电保护器。

（4）使用前检查电钻机身安装螺钉紧固情况，若发现螺钉松动，应立即重新扭紧，否则会导致电钻故障。

（5）钻头与夹持器应适配，并妥善安装。

（6）接到电源前要检查电钻上开关接通锁扣状态，否则电钻会意外旋转，可能导致人身伤害。

（7）在金属材料上钻孔应首先在被钻位置打上样冲眼。

（8）在钻较大孔眼时，预先用小钻头钻穿，然后再使用大钻头钻孔。

（9）如长时间在金属上进行钻孔，可采取一定的冷却措施，以保持钻头的锋利。

（10）钻孔时产生的钻屑严禁用手直接清理，应用专用工具清屑。

图 3-22　手枪电钻

4. 电锤（见图 3-23）

电锤使用注意事项如下：

（1）电锤是利用压缩气体活塞运动冲击钻头，不需要手使多大的力气，就可以在混凝土、砖、石头等硬性材料上钻 6～100 mm 的孔。电锤在上述材料上开孔效率高，但它不能在金属上开孔。

（2）电锤作业前应做的检查。

① 外壳、手柄不出现裂缝、破损。

② 电缆软线及插头等完好无损，开关动作正常，保护接零连接正确、牢固可靠。

③ 各部防护罩齐全牢固，电气保护装置可靠。

（3）机具起动后，应先空载运转，检查并确认机具联动灵活无阻。作业时，加力应平稳，不得用力过猛。

（4）作业时，应掌握电钻或电锤手柄，打孔时先将钻头抵在工作表面，然后开动，用力适度，避免晃动；转速若急剧下降，应减少用力，防止电机过载，严禁用木杠加压。

（5）钻孔时，应注意避开混凝土中的钢筋。

（6）电钻和电锤为 40% 断续工作制，不得长时间连续使用。

（7）作业孔径在 25 mm 以上时，应有稳固的作业平台，并在周围设护栏。

（8）严禁超载使用。作业中应注意声响及温升，发现异常应立即停机检查。在作业时间过长，机具温升超过 60 ℃ 时，应停机，自然冷却后再行作业。

（9）机具转动时，不得撒手。

（10）作业中，不得用手触摸电锤、电锯的刃具、模具和砂轮，发现有磨钝、破损情况时，应立即停机修整或更换，然后再继续进行作业。

图 3-23　电锤

5. 常用的各类扳手

管道安装中常用到各类扳手，如图 3-24 所示。

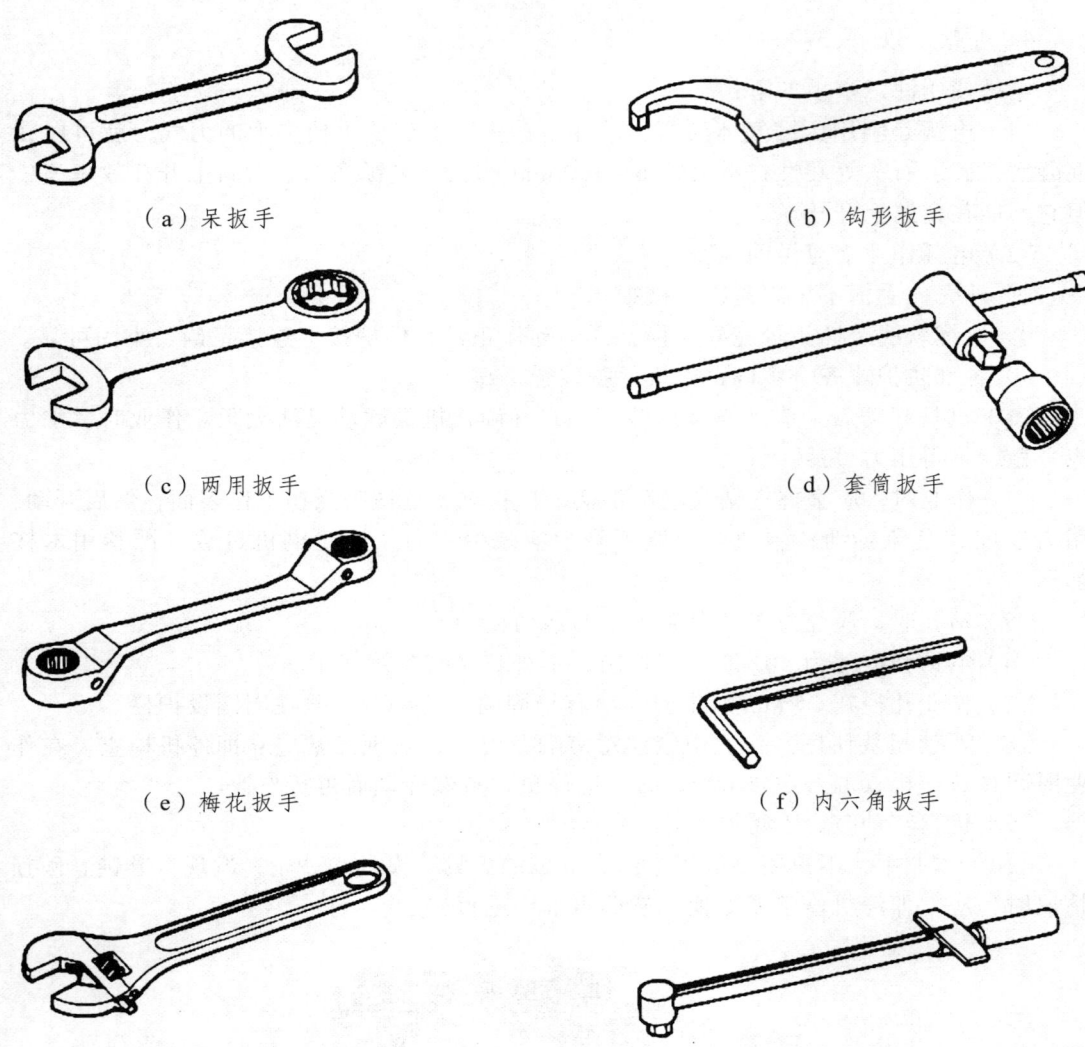

(a)呆扳手　　(b)钩形扳手
(c)两用扳手　　(d)套筒扳手
(e)梅花扳手　　(f)内六角扳手
(g)活扳手　　(h)扭力扳手

图 3-24　各类扳手

二、常用量具

1. 游标卡尺

游标卡尺是用来测量工具的内外部分尺寸和深度的一种中等精度的量具，其精度有 0.1 mm、0.02 mm、0.05 mm 等。游标卡尺的结构如图 3-25 所示，它由尺身 5，游标 8 和微动游框 4 等组成。松开螺钉 2、3 即可推动游标在尺身上移动，通过两个量爪 1、9 可测量尺寸。需要微动时，可将螺钉 3 紧固，松开螺钉 2，转动微动螺母 7，通过小螺杆 6 的微动。量得尺寸后，可旋紧螺钉 2 使游标紧固。

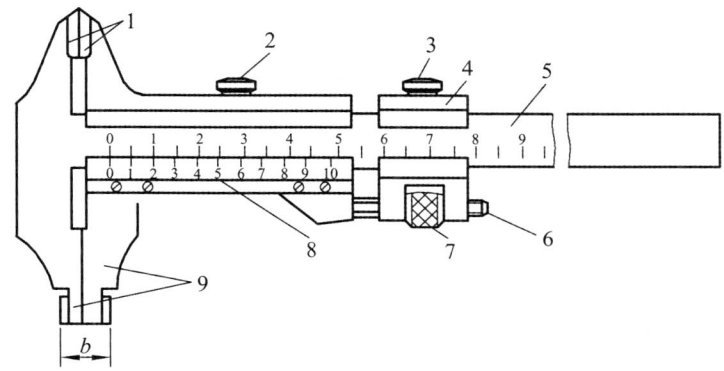

1，9—量爪；2—游标紧固螺钉；3—微动游框紧固螺钉；4—微动游框；
5—尺身；6—螺杆；7—螺母；8—游标。

图 3-25　游标卡尺

2. 水平尺

水平尺（见图 3-26）可用来测量设备的铅垂度和水平度。

图 3-26　水平尺

3. 角　尺

角尺（见图 3-27）可用来测量两个平面是否垂直。

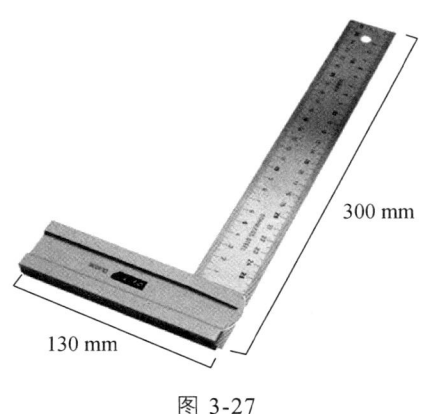

图 3-27

4. 多功能坡度测量仪

多功能坡度测量仪（见图 3-28）可用来测量管道安装的坡度。

图 3-28　多功能坡度测量仪

5. 激光水平放线仪

激光水平放线仪（见图 3-29）可用来虚拟放线，确认管道走向。

图 3-29　激光水平放线仪

激光水平放线仪使用注意事项：
（1）放置在测量台后，调整螺母，直到水珠气泡在中央位置。
（2）轻拿轻放，用完后放回仪表箱保存。

6. 电动弯管机

液压弯管机使用注意事项：
（1）使用前对弯管机进行检查（液压油位、紧固件）。
（2）选择与管材匹配的胎具。
（3）挡板放在与管材相应的定位孔间。
（4）使用时要匀速用力，防止挤伤。

弯管的管道走向、角度、几何尺寸、管线几何面的平整度、椭圆度、焊缝的位置都要符合设计要求。

思考与练习

1. 管路由哪几部分组成？
2. 常用管路的附件包括哪些？简述其功能。
3. 使用角磨机的安全注意事项有哪些？
4. 法兰接口的密封性，主要取决于哪些因素？

第四章

管道预制

- 第一节　管道预制工作描述
- 第二节　管道的弯制
- 第三节　管件的放样
- 第四节　管道的冷、热校形
- 第五节　管子的切割
- 第六节　管段的量尺和下料
- 第七节　管道坡口加工及焊口组对

第一节 管道预制工作描述

一、管道预制基础知识

（1）管道预制是指在某固定的区域进行管道设计、预制管道、管道切割、管道坡口加工、焊接、组装、物流、防腐油漆及管道检验等工序。

（2）管道预制的优点：在固定的区域方便质量、进度、管理的协调和控制，减少现场预制与现场安装的工作量，对整个项目的安装、质量、进度有极大的提高。

二、预制工艺流程

管道预制工艺流程如图 4-1 所示。

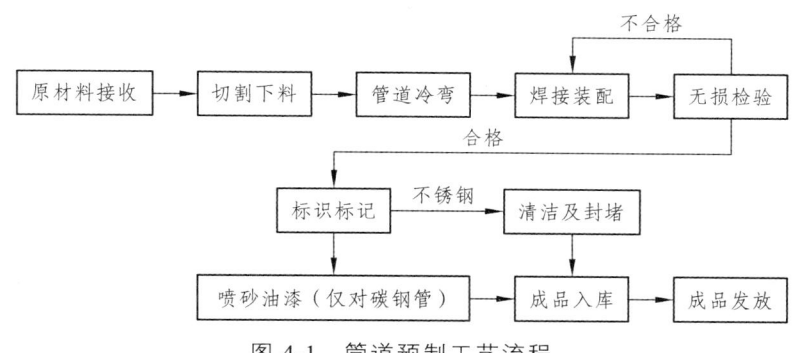

图 4-1 管道预制工艺流程

三、管道预制的技术要求

1. 管道公差等级

其中 E 级：直径不大于 2 in 的管道标准精度等级（RCC-M 2, 3 级和非 RCC-M 级）见表 4-1。

表 4-1 直径不大于 2 in 管道标准精度等级

壁厚系列 SCH 号	直径
	≤2 in
10-10S 20-API	E
40-40S	E

2. 长度公差

管道长度公差如图 4-2 所示，E 级公差标准见表 4-2。

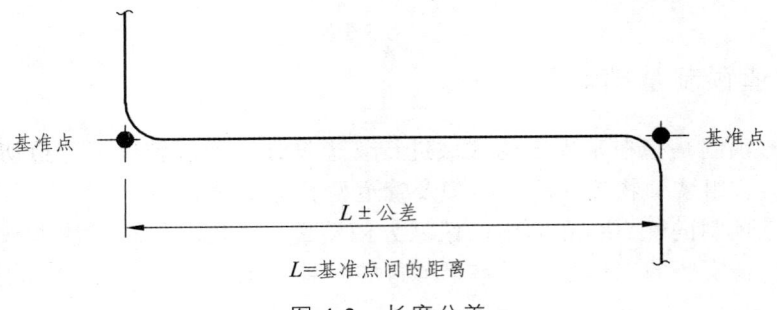

图 4-2　长度公差

表 4-2　E 级长度公差标准

级　别	E
公差/mm	$6 + 2‰L$

注：L 表示计算偏差的两个基准点的距离。

3. 垂直度公差（除法兰外）

管道垂直度公差如图 4-3 所示，E 级公差标准见表 4-3。

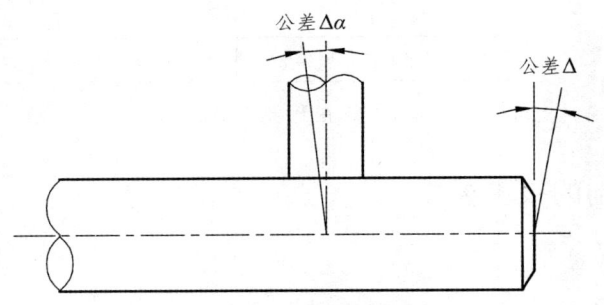

图 4-3　垂直度公差

表 4-3　E 级垂直度公差标准

级　别	E
最大角度允许偏差 $\Delta\alpha$	51′
最大允许斜度 $\tan\Delta\alpha$	0.015

4. 法兰的垂直度公差（在密封面周圈的最大偏差）

法兰的垂直度公差如图 4-4 所示。

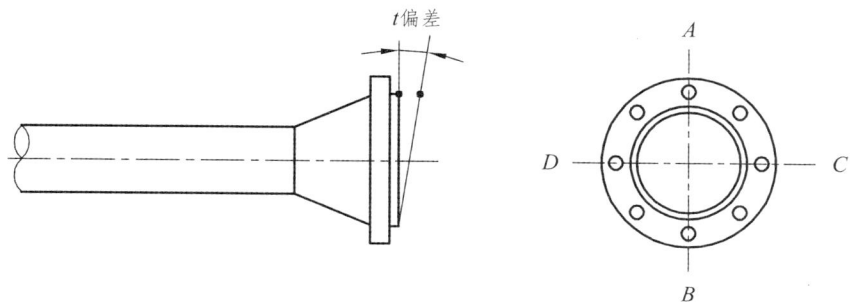

图 4-4

$D \leqslant 6$ in（D = 管道直径），$t \leqslant 1$ mm。

第二节　管道的弯制

管道弯制时，常用的有手动和自动两种弯管机，如图 4-5 和图 4-6 所示。

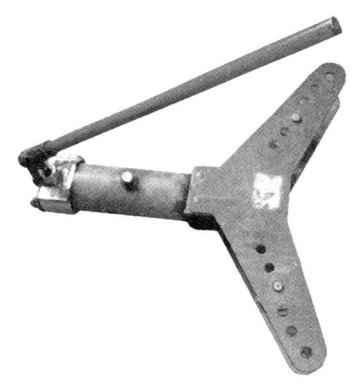

图 4-5　手动弯管机

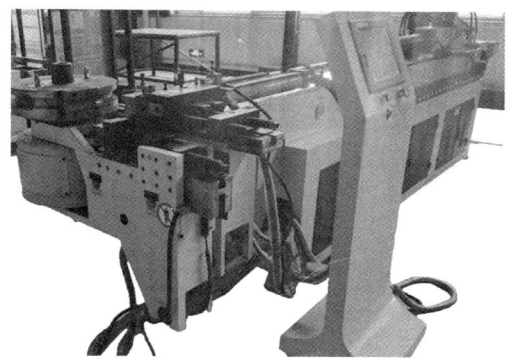

图 4-6　自动弯管机

一、弯管的条件

（1）文件准备，包括图纸、技术说明书、程序、工作文件清单、质量计划、任务单等。

（2）从事弯管操作的工作人员都要进行入场的相关培训、考核合格后持相应的《弯管人员资格证书》，方可上岗。

（3）如果环境温度低于 5 ℃，则建议对管材加热（采用气焊火焰）到 50 ℃ 以下再进行弯制。

（4）弯管所用的各项材料应已到位，质量合格且具备申请领用状态。

（5）弯管机应按照技术规范给出的检查次数进行检查。一般来说，每次开始新的工作，都要对设备进行检查，包括油缸液位、电动机电压和电流。

（6）应检查弯管机的弯管能力和工具是否与待弯管材的尺寸相匹配。

（7）工具必须清洁，并不得有引起管子表面损伤的物质（特别是在弯制不锈钢管材时，接触不锈钢管的工具须衬以不锈钢材料或镀铬）。

（8）根据管子直径和壁厚选择有芯棒或无芯棒的弯管机（器）。

二、弯管角度及尺寸的计算

1. 角度计算

在等轴图中，管线的走向都是按与坐标轴的相对位置，以尺寸进行标注。弯管时须在弯管机上预先设置弯曲角度。如等轴图中未注明，则应根据图4-7中所给出的尺寸计算。

$$\alpha = \arctan \frac{a}{b}$$

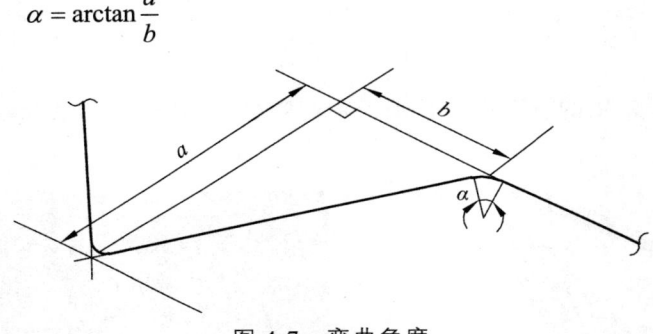

图4-7　弯曲角度

对于一个三维角度（见图4-8），应先确定一个平面，根据已知的尺寸计算出任意三角形的三边长，然后按任意三角形余弦定理进行计算。

$$\beta = 180° - \arccos \frac{d^2 + f^2 - e^2}{2df}$$

其中，$e^2 = (a+d)^2 + b^2 + h^2$，$f^2 = c^2 + h^2$，$c^2 = a^2 + b^2$。

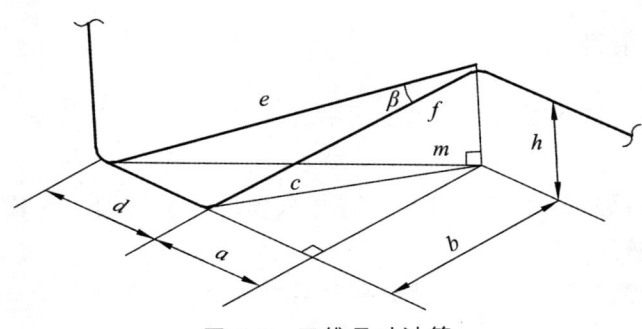

图4-8　三维尺寸计算

2. 管道坡度的计算

等轴图上两个工作点（基准点）之间的高度即为管道的坡度。如果管道坡度已由图纸确定，则安装后要求管道的坡度及坡向必须同图纸上确定的坡度及坡向一致。坡度的允许偏差为坡度值的 –30% ~ +50%。

图4-9所示坡度的允许偏差计算：

1 130 – 1 100 = 30（mm），

正偏差 30 × (+50%) = +15（mm），

负偏差 30 × (–30%) = –9（mm）。

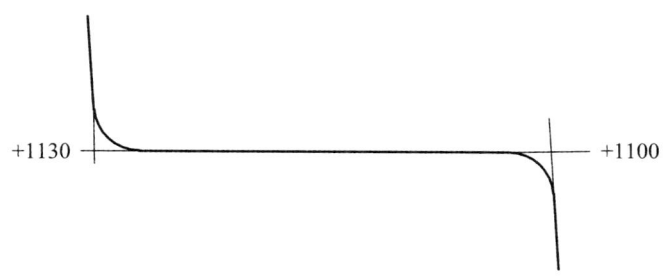

图 4-9　坡度偏差计算

三、弯管后的管件允差

1. 外观允差

弯曲区域不得有深度大于 0.05 倍理论厚度或 0.3 mm 的划伤、皱皮、裂痕或撕裂。如果缺陷超过以上标准，可采用砂轮打磨或砂纸打磨修复。

2. 椭圆度偏差

弯管后最大偏差：

$$(D_{max} - D_{min})/D \leqslant 8\%$$

式中　D_{max}——弯曲后的最大直径；

　　　D_{min}——弯曲后的最小直径；

　　　D——理论上应为弯曲前的管道最小外径。

3. 弯曲半径

弯管半径应按 5 倍管道直径考虑（$R = 5D$，特殊情况需经工程公司同意）。

4. 弯曲间距

当设计采用连续弯管时，相邻两个弯管之间应保留一段直管段（a），且：

（1）$\phi = 1/4''$（13.7 mm）时，$a \geqslant 50$ mm。

（2）$1/2''$（21.3 mm）$\leq \phi \leq 1''$（33.4 mm）时，$a \geq 110$ mm。

（3）$1''1/2$（48.3 mm）$\leq \phi \leq 2''$（60.3 mm）时，$a \geq 140$ mm。

（4）$\phi > 2''$（60.3 mm）时，$a \geq 250$ mm。

如在相邻两个弯管之间不能保证以上最小直管段长度时，应在其间加设焊缝。

在没有特殊说明的情况下，不得使用斜接弯头。

四、管道弯制的方法

1. 管道的热弯

（1）冲砂热弯所用的砂子要选用经过筛选、洗净、干燥的细砂，填充满后敲实后堵上。

（2）应均匀加热，升温要缓慢，局部加热温度不宜过高。

2. 管道的冷弯

（1）开机前检查工作。

① 检查工作场所周围，清除一切妨碍工作和通行的杂物；地面上不得有油污、水渍以免滑倒；物料架摆放在安全位置，物料摆放整齐，以防倒塌伤人。

② 检查弯管机上的防护装置是否完好，发现异常情况应处理后方可启动。

③ 检查弯管机的润滑部位，缺油或无油时应加注相应的润滑油。

④ 检查弯管机上是否存在杂物妨碍设备运转。

⑤ 检查弯管机的液压系统，确认工作正常。

⑥ 主控屏严禁使用管件、硬物点击。

（2）安全操作事项。

① 在开机试运转时，检查机械运转是否正常，电器开关是否灵敏有效，一切正常后方可工作。

② 如需两人同时工作应密切配合，协调一致，操作时不得与他人谈笑，以防误操作或管件伤人。

③ 在弯管机运转过程中，操作者应注意力集中，视线不得离开设备。

④ 弯管机运转时，在管件弯管行程范围内严禁站人，操作者及操作台在弯管行程外侧。

⑤ 在夹持管道时，手指远离夹持、导模模具。

⑥ 弯管结束后关闭电源，物品摆放有序，清洁工区。

（3）自动弯管机操作流程。

① 手动模式。

主管：整机回零→复位→返回→手动模式→角度设置（Z）→抓料夹→弯管。

总管：送料进→转角主夹夹→导模夹→抓料松→弯管→主夹松→导模松→退弯→送料退→复位→返回。

② 自动模式。

先按（零件参数）长度、角度设置好参数后按回车键，计算、保存。管道参数包括弯管数量、弯头数量、长度、首弯位置、上料位置、计算材料长度。弯管过程中，遇紧急情况可踩脚踏开关（紧急停车按钮）停止工作。

3. 弯管的质量要求

（1）管道走向应符合设计要求。
（2）角度偏差小于±1°。
（3）构造长度偏差不大于5 mm。
（4）管线同一几何面的平整度满足设计要求。
（5）弯好后管口的椭圆度不大于8%
（6）直焊缝的位置应在斜上45°方向。

第三节　管件的放样

在管道安装工程中，经常遇到转弯、分支和变径所需的管配件，这些管配件中的相当一部分要在安装过程中根据实际情况现场制作，而制作这类管件必须先进行展开放样，因此，展开放样是管道工必须掌握的技能之一。

所谓展开，根据施工图的要求，按正投影原理，将金属板壳构件的表面全部或局部按其实际形状和大小（1∶1）依次铺平在同一平面上。构件表面展开后构成的平面图形称为展开图。

一、展开放样的基本要求

1. 展开三原则

展开三原则是展开时必须遵循的基本要求。

（1）准确精确原则：指展开方法正确，展开计算准确，求实长精确，展开图作图精确，样板制作精确

（2）工艺可行原则：放样必须熟悉工艺，要通过工艺审核才行。也就是说，大样画得出来还要做得出来，而且要容易做，做起来方便，不能给后续工作制造困难。

（3）经济实用原则：对一个具体的生产单位而言，理论上正确的并不一定是可操作的，先进的并不一定是可行的，最终的方案一定要根据现有的技术要求、工艺因素、

设备条件、外协能力、生产成本、工时工期、人员素质、经费限制等情况综合考虑，具体问题具体分析，努力找到简便快捷、切合实际、经济实用的方案，绝不能超现实，脱离现有工艺系统的制造能力。

2. 展开三处理

展开三处理是实际放样前的技术处理，它根据实际情况，通过作图、分析、计算来确定展开时的关键参数，用以保证制造精度。

（1）板厚处理。

上面所说的空间曲面是纯数学概念的，没有厚度，但实际中只存在有三维度尺寸的板面。板料成形加工时，板材的厚度对放样有很大的影响，板材的厚度越大，影响越大，而且随着加工工艺的不同，影响也不同。

（2）接口处理。

① 接缝位置。

单体接缝位置安排或者是组合件接口的处理看起来无足轻重，实际上很有讲究。放样时通常要考虑的因素如下：

a. 要便于加工组装。

b. 要避免应力集中。

c. 要便于维修。

d. 要保证强度，提高刚度。

e. 要使应力分布对称，减少焊接变形等。

② 管口位置与接头方式。

管口位置和接头方式一般由设计决定，其一般的原则如下：

a. 遵循设计要求和有关规范，既要满足设计要求，也要考虑是否合理。

b. 考虑采用的工艺和工序，分辨哪些线是展开时画的还是成形后画的。

c. 结合现场，综合处理，分辨哪些线是展开时画的还是现场安装时再画的。

（3）坡口方式。

采用哪种坡口方式主要跟板厚和焊缝位置有关。

（4）余量处理。

余量处理俗称"加边"，就是在展开图的某些边沿预留一定的加宽量。这些必要的余量因预留的目的不同而有不同的称呼，如搭接余量、翻边余量、包边余量、咬口余量、加工余量等。

余量数据主要通过分析计算、经验估算、上机测算等方法来获得，然后经生产实践检测核对、修正定尺。

二、展开放样的方法

在作图展开法中，按作图方法的不同，又可分为放射线法、平行线法和三角形法等。

1. 放射线法

放射线法在换面逼近时使用的面元是三角形，但这些三角形共顶点，常用在锥面的展开中。放射线法的一般步骤如下：

（1）针对某曲面的结构，依照一定的规则，将该曲面划分为 N 个共顶点、彼此相连的三角形微面元。

（2）对每个三角形微面元，都用其三顶点组成的平面三角形逐个替代，即用 N 个三角形替代整个曲面，其替代误差随着 N 的增加而减小。

（3）在同一平面上按同样的结构和连接规则组合画出这些呈放射状分布的三角形组，从而得到模拟曲面的近似展开图形。

（4）N 根据误差大小、加工工艺和材料性质等因素通过实践选择。

2. 平行线法

平行线法在换面逼近时使用的面元是梯形，常用在柱面的展开中。平行线法的一般步骤如下：

（1）针对某曲面的结构，依照一定的规则，将该曲面划分为 N 个彼此相连的梯形微面元。

（2）对每个梯形微面元，都用其四顶点组成的平面梯形逐个替代，即用 N 个梯形替代整个曲面，其替代误差随着 N 的增加而减小。

（3）在同一平面上按同样的结构和连接规则组合画出这些梯形，于是得到模拟曲面的近似展开图形。

（4）N 的大小根据误差大小、加工工艺和材料性质等因素通过实践选择。

3. 三角形法

三角形法在换面逼近时使用的面元是三角形，可用于柱面、锥面等各种曲面的展开，应用广，准确度高。

（1）针对某曲面的结构，依照一定的规则，将该曲面划分为 N 个彼此相连的三角微面元。

（2）对每个三角微面元，都用其三顶点组成的平面三角形予以替代，即用 N 个三角形替代整个曲面，其替代误差随着 N 的增加而减小。

（3）在同一平面上按同样的结构和连接规则组合画出这些三角形，于是得到曲面的近似展开图形。

（4）N 的大小根据误差大小、加工工艺和材料性质等因素通过实践选择。

三、圆管类下料展开长度计算

（1）用钢板卷制的管展开长度的计算，钢板在卷成圆管时，里面受压缩短、外面受拉伸长，中性层不变。因此应按中性层直径（中径）计算圆管展开长度。同时，制作展开图的样板也有厚度,因此样板的周长也应考虑这个因素,即 $L = \pi(d+t)$。

(2)异径三通小管径端的展开周长按管径中径计算,即 $L = \pi(d+t)$,开孔端展开周长则按小管径内径计算,即 $L = \pi d$。

(3)等径三通管及虾节弯头展开周长以管子外径计算,即 $L = \pi D$。

以上各式中,L 为圆周长,π 为圆周率(3.14),d 为管子内径,t 为管壁厚度的一半,D 为管子外径。

四、几种常见管件的放样

1. 马蹄弯头的放样

弯头又称马蹄弯,根据角度的不同,可以分为直角马蹄弯(见图 4-10)和任意角度马蹄弯(见图 4-11)两类,它们均可以采用投影法进行展开放样。

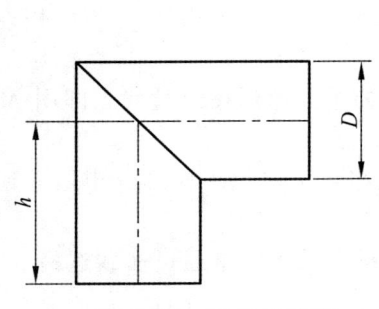

图 4-10 直角马蹄弯

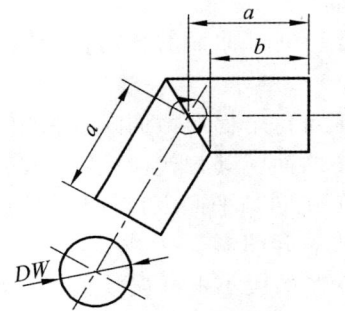

图 4-11 任意角度马蹄弯

(1)任意角度马蹄弯的展开方法与步骤(已知尺寸 a、b、D 和角度)。

① 按已知尺寸画出立面图,如图 4-12 所示。

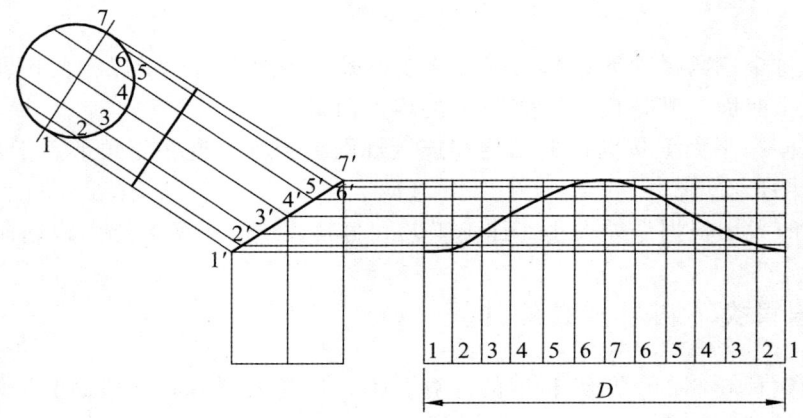

图 4-12 任意角度马蹄弯的展开放样图

② 以 D/2 为半径画圆，然后将断面图中的半圆 6 等分，等分点的顺序设为 1、2、3、4、5、6、7。

③ 由各等分点作侧管中心线的平行线，与投影接合线相交，得交点为 1′、2′、3′、4′、5′、6′、7′。

④ 作一水平线段，长为 πD，并将其 12 等分，得各等分点 1、2、3、4、5、6、7、6、5、4、3、2、1。

⑤ 过各等分点，作水平线段的垂直引上线，使其与投影接合线上的各点 1′、2′、3′、4′、5′、6′、7′引来的水平线相交。

⑥ 用圆滑的曲线将相交所得点连接起来，即得任意角度马蹄弯展开图。

（2）直角马蹄弯的展开放样（已知直径 D）。

由于直角马蹄弯的侧管与立管垂直，因此，可以不画立面图和断面图，以 D/2 为半径画圆，然后将半圆 6 等分，其余与任意角度马蹄弯的展开放样方法相似（见图 4-13）。

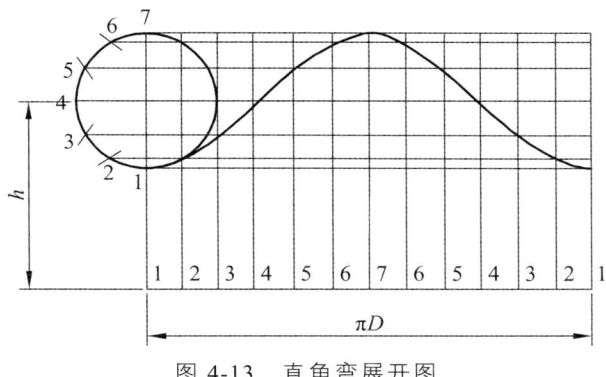

图 4-13　直角弯展开图

2．虾壳弯的展开放样

虾壳弯由若干个带斜截面的直管段、两个端节及若干个中节组成，端节为中节的一半，根据中节数的多少，虾壳弯分为单节、两节、三节等，节数越多，弯头的外观越圆滑，对介质的阻力越小，但制作越困难。

90°单节虾壳弯展开方法、步骤（见图 4-14）。

（1）作 ∠AOB = 90°，以 O 为圆心，以半径 R 为弯曲半径，画出虾壳弯的中心线。

（2）将 ∠AOB 平分成两个 45°，即图 4-14 中 ∠AOC、∠COB，再将 ∠AOC、∠COB 各平分成两个 22.5°的角，即 ∠COD、∠DOB。

（3）以弯管中心线与 OB 的交点 4 为圆心，以 D/2 为半径画半圆，并将其 6 等分。

（4）通过半圆上的各等分点作 OB 的垂线，与 OB 相交于 1、2、3、4、5、6、7，与 OD 相交于 1′、2′、3′、4′、5′、6′、7′，直角梯形 11′77′就是需要展开的弯头端节。

（5）在 OB 的延长线的方向上，画线段 EF，使 EF = πD，并将 EF 12 等分，得各等分点 1、2、3、4、5、6、7、6、5、4、3、2、1，通过各等分点作垂线。

（6）以 EF 上的各等分点为基点，分别截取 11′、22′、33′、44′、55′、66′、77′线段

长，画在 EF 相应的垂直线上，得到各交点 1′、2′、3′、4′、5′、6′、7′、6′、5′、4′、3′、23、1′，将各交点用圆滑的曲线依次连接起来，所得几何图形即为端节展开图。用同样方法对称地截取 11′、22′、33′、44′、55′、66′、77′后，用圆滑的曲线连接起来，即得到中节展开图，如图 4-14 所示。

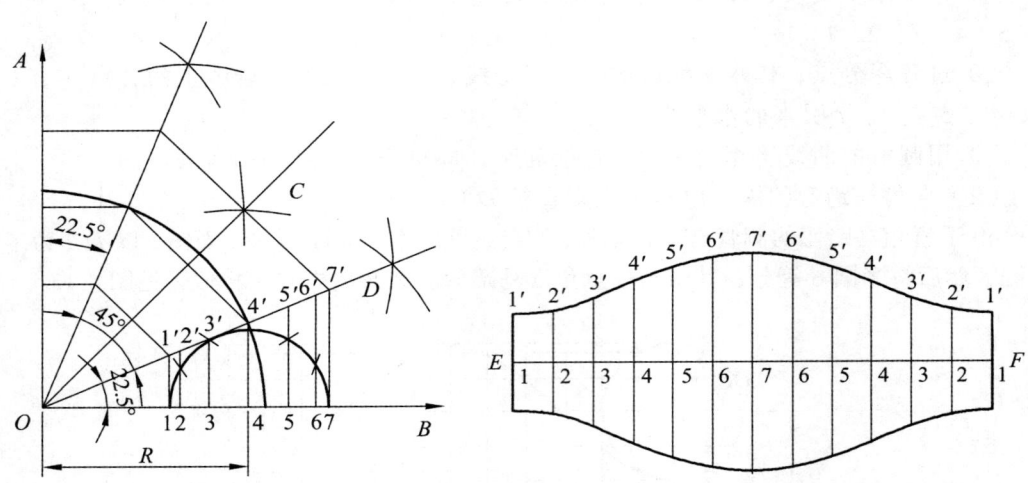

图 4-14　90°单节虾壳弯展开图

3. 同径三通的展开放样

绘制同径三通展开图步骤如下：

（1）同径三通展开图（见图 4-15）。

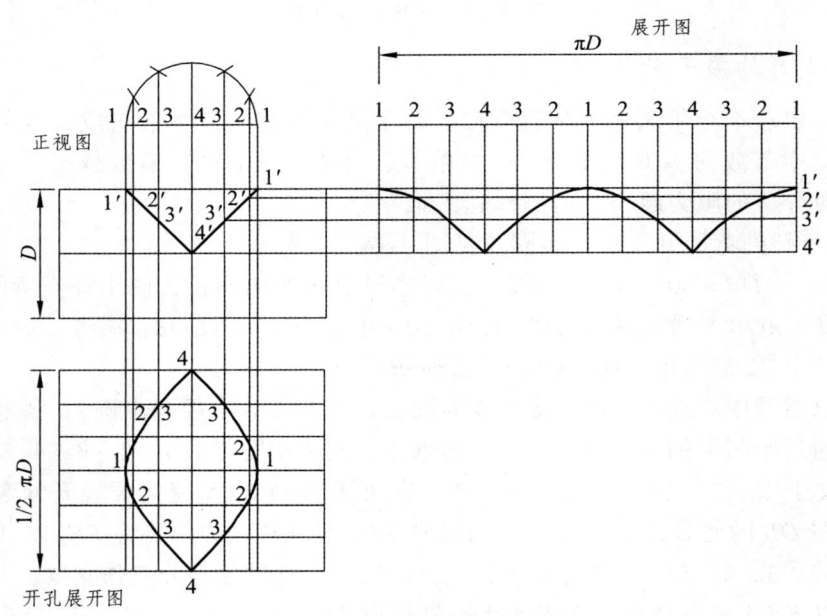

图 4-15　同径三通展开图

① 绘制正视图（包含相应的轴线）。

② 以 11 为直径，画半圆并 6 等分。

③ 作 2 的垂线交 2′，3 的垂线交 3′，4 的垂线交 4′……

④ 计算圆的周长 πD 并分为 12 等分。

⑤ 过 πD 各等分点，作水平线段的垂直引上线，使其与投影接合线上的各点 1′、2′、3′、4′引来的水平线相交。

⑥ 将 11′、22′、33′、44′的交点以光滑连线连接即为同径三通展开图。

（2）同径三通管孔开孔展开图（见图 4-15）。

① 作 1/2 圆周平面图并 6 等分。

② 作 11′射线交 1，作 22′的射线交 2，作 33′的射线交 3，作 44′的射线交 4。将 1、2、3、4 各点作光滑连线连接即为同径三通管孔的展开图。

4. 同心大小头展开图

绘制同心大小头展开图步骤如下（见图 4-16）：

（1）画同心大小头立面图 ABDC。

（2）延长 AC、BD 相交于 O。

（3）分别以 OC、OA 为半径画弧。

（4）以线段 AB 为直径画半圆，并 6 等分。

（5）以 AB 中点 F 为起点，分别在 FG 和 FH 方向的弧线上以 AB 半圆的等分 BE 作 6 等分，于 G、H。

（6）连接 OG 及 OH 即为同心大小头展图。

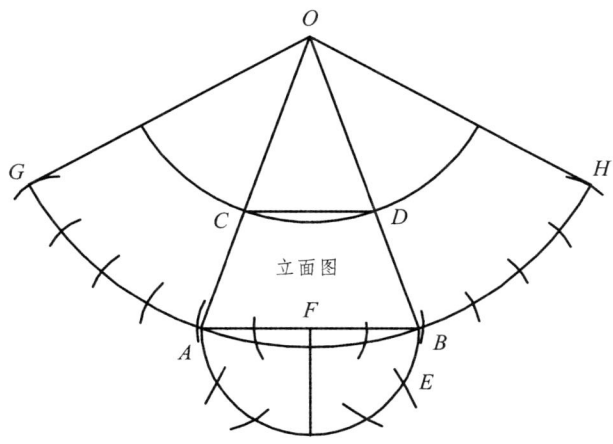

图 4-16 同心大小头展开图

第四节　管道的冷、热校形

管道由于生产、运输或存放等原因，出现弯曲、管口椭圆的现象，安装前必须进行处理，使其符合使用标准。

管子的调直可以采用冷调直和热调直两种方式。

一、管子的冷调直

管子的冷调直是指在常温下直接对管子进行调直，适用于公称通径在 50 mm 以下且弯曲不严重的钢管。冷调直可用人工或机械方法进行。

扳别调直法：对于通径在 15~25 mm 的管子，如果是大慢弯，可用弯管平台人工扳别的办法进行调直。操作时把弯管平放在弯管平台两根别桩（铁桩）之间，然后用人力扳别。弯管较长时可以从中间开始。如果弯管不太长（2~3 m）可从弯曲起点开始，边扳别边往前移动，扳时不要用力太猛，以免扳过劲，如一次扳不直可按上述方法重复操作，直到调直为止。在扳别中，管子与别桩间要垫上木板或弧形垫板，以免把管子挤扁。

锤击调直法：将弯管子放在普通平台或厚钢板上，一个人站在管子的一端，观察管子的弯曲部位，指挥另一个人用木槌敲击凸出的部位，先调大弯再调小弯，直到将管子调直为止。

二、管子的热调直

1. 热校形

（1）对于管道和管件，热校形包括调圆部件的端头，以使焊接前能在所要求的公差允许范围内进行装配，并在必要时既能进行机加工，又能保证所要求的待焊边缘的最小厚度。

（2）加热前的准备：待加热的表面上应无油漆、油脂、氧化物和杂质。

（3）加热方法：采用中性火焰对部件变形区进行加热，火焰在被加热的表面上不断移动，使部件受热均匀，避免局部过热。

（4）加热温度：在整个加热操作期间，最高温度不得超过 700 ℃。

（5）在加热期间必须要保证加热不影响原来的焊接工艺评定程序（尤其是纵向焊缝）；当校正管道或管件时，建议使用定型器。

（6）不符合要求的部件进行加热（在同一位置只允许热校形操作一次），根据缺陷情况，用铁锤在外部或内部进行校形。

（7）对于管子端部的校形，在 50 mm 宽的范围内进行。此操作一直进行到定型器插入该部分为止。

（8）当待校形的部件椭圆度过大时，可使用压力机校形。在这种情况下，可以从内部加热。

（9）对于弯管的校形，可采用手工操作的液压弯管机或管子矫直机。

2. 空冷校形

（1）对于管件，当需要对法兰平行度进行调整或需对坡度进行校正时，在不使用千斤顶的情况下，可采用空冷校形，其要求如下。

① 加热前的准备：待加热的表面上应无油漆、油脂、氧化物和杂质。

② 加热方法：采用中性火焰对部件变形区进行加热，火焰在被加热的表面上不断移动，使部件受热均匀，避免局部过热。

③ 在整个加热操作期间，最高温度不得超过 700 ℃。

④ 让管道在冷却中自然变形。

⑤ 禁止使用千斤顶。

⑥ 禁止用水激冷校形。

（2）检查。

冷却以后，对加热表面及周围进行下列检查。

① 目视检查：外观不得有裂纹、气孔和凹坑。

② 目视检查后如有怀疑，则用钢丝刷清理后再进行磁粉检验。

3. 热校形的过程

（1）首先申请热校形焊缝的焊接控制单，然后由有经验的人员根据法兰平行度的超差程度或管道的倒坡程度对焊缝的某一部分进行磨削。

（2）由焊工对这部分焊缝进行焊接，在焊接过程中应观察校形情况。焊接以后让其在空气中自然冷却，待其完全冷却后，对热校形结果进行测量。如果没有达到预期效果，可重复此项操作。

（3）在现场热校形工作结束以后，根据热校形焊缝控制单对此焊缝进行相关的无损检验，如液体渗透检验和/或 RT 检验，待各项检验合格以后，热校形工作全部结束。

第五节　管子的切割

一、管子切割常用机具

常用的切割工具有砂轮切割机（见图 4-17）、切管机（见图 4-18）、等离子切割机以及锯割（圆锯、电动弓锯、带锯）。

图 4-17　砂轮切割机　　　　　　　图 4-18　切管机

1. 砂轮切割机

砂轮切割机是目前核电管道安装工程中常用的设备，可对金属管、工字钢、槽钢等材料进行切割。

2. 切管机

切管机的切割方法简单，速度快，可节省大量工作时间，切割后管子两端平整，便于连接；切割时不会对外界产生火花和灰尘；可对多种材质的管道，如碳钢、不锈钢、铸铁、铜、塑胶、多层管进行切割。

3. 等离子切割机

等离子弧切割是利用高温等离子电弧的热量使工件切口处的金属局部熔化（和蒸发），并借高速等离子的动量排除熔融金属以形成切口的一种加工方法。

等离子切割配合不同的工作气体可以切割其他方法难以切割的金属，尤其是对有色金属（不锈钢、铝、铜、钛、镍）切割效果更佳；其主要优点是切割厚度不大的金属的时候，等离子切割速度快（尤其在切割普通碳素钢薄板时，速度可达氧切割法的 5~6 倍），切割面光洁，热变形和热影响区小。

二、管子切割的工艺流程

切割操作顺序：切割前的准备→划线和识别标记→切割→标识移植。

1. 切割前的准备

（1）选择适用的切割设备。

（2）检查切割设备的状况。

（3）材料的准备。

2．划线和识别标记

（1）切割前应在切割部位进行划线。

（2）要在每一个切割件上做好标识。

3．切　　割

（1）不管圆锯、电动弓锯或带锯，使用时都必须要用润滑剂。

（2）为满足清洁度要求，在锯完后必须清除切割油。

（3）锯割后要仔细清除毛刺。

（4）砂轮切割机切割奥氏体不锈钢管材时，要采用无铁铝基砂轮片。

4．标记移植

标记移植应符合相关程序的规定。

第六节　管段的量尺和下料

管道系统是由不同材质的管子构成不同形状、不同长度的管段共同组成的完整系统。在施工过程中，正确的量尺和下料方法是管道工应掌握的一项重要基本操作技能。

一、量尺与下料

任何一个管道系统都是由若干个管段组成的。在非核电区域，所谓管段，是指两管件（阀件）或管件与阀件之间由管子与管件（阀件）组成的一段管道。两管件中心之间的长度称为管段的构造长度，管段中管子的实际长度称为下料长度。当管段为直管段时，下料长度小于构造长度；当管段为弯管段时，下料长度经展开大于构造长度。

由于核岛辅助管道通常都是由预制厂根据 VFP 状态的等轴图预制完成 A 口，检验合格后运送到现场，所以对于现场安装所用等轴图，通常所说的管段是指图中两个 M 口之间组成的一段管道。如图 4-19 所示，M1 到 M3 焊口组成了 GN.3L80018.S1 管段。这与上述所说的管段有所不同。

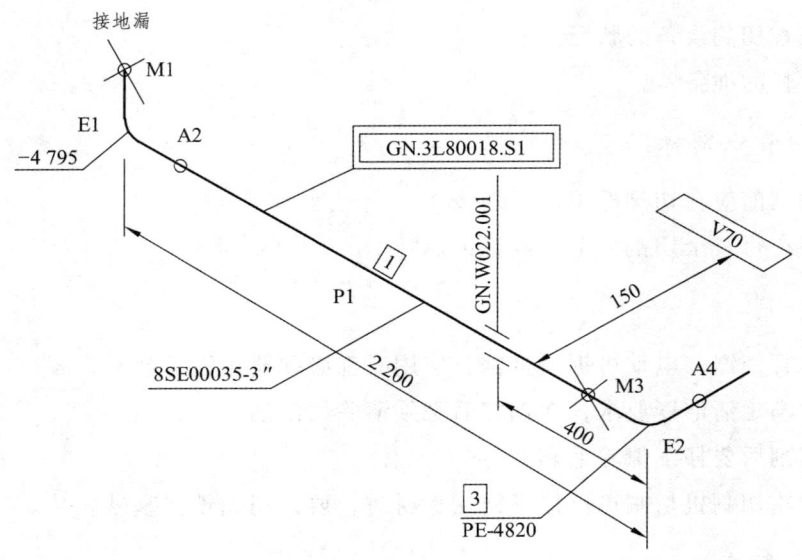

图 4-19 核岛现场等轴图管段

量尺的目的是要测量管子的构造长度,从而确定管子加工的下料长度。

管子的下料长度即管段的加工长度。下料长度应根据构造长度来计量,它还与管道的连接方式和加工工艺有关。

二、计算法下料举例

使用计算法下料时,除已知管段的构造长度 L 外,还必须掌握不同材质、不同形状管件的结构尺寸,才能通过计算求得下料长度。

在图 4-20 中,下料长度如下式所示。

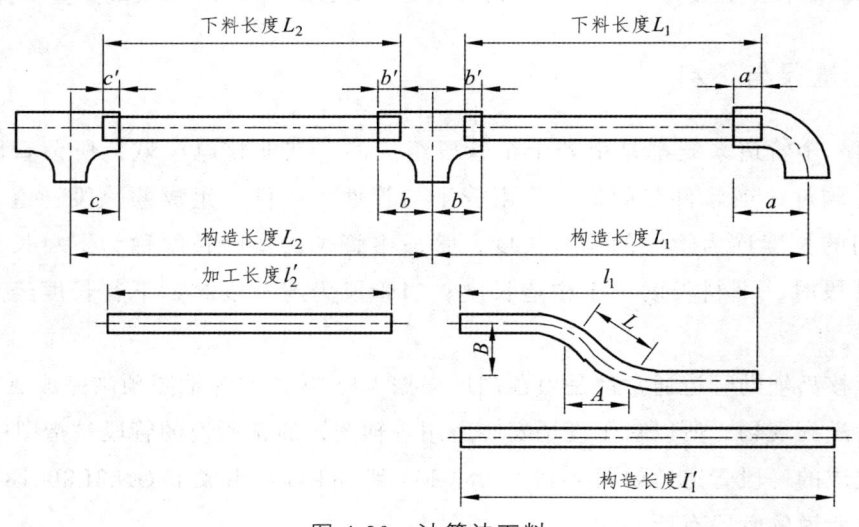

图 4-20 计算法下料

$$l_2 = L_2 + c' + b' - c - b$$

式中 L_2——构造长度；

b, c——管件中心到端面的长度；

b', c'——管段插入管件内的长度（插套）。

管道下料计算中的长度公差见表4-4。

表4-4 长度公差

级别	A	B	C	D	E
公差/mm	2 + 0.5L/1 000	3 + 0.5L/1 000	3 + L/1 000	3 + 2L/1 000	6 + 2L/1 000

注：L表示计算偏差的两个基准点之距离，如图4-2所示。

例 图4-21中的管道为1″不锈钢管道，管道壁厚系列为SCH40S，求图中T8管段两基准点间的长度公差以及下料长度。

解 根据管道公差等级综合表确定图4-21中管道等级为E级，公差为6 + 2L/1 000（mm）

（1）T8管段两基准点间长度公差 = 6 + （2×181）/1 000 = 6.36（mm）。

（2）下料长度 = 结构长度 − 弯头半径 + 插入管长度 = 181 − 70 + 20 = 131（mm）。

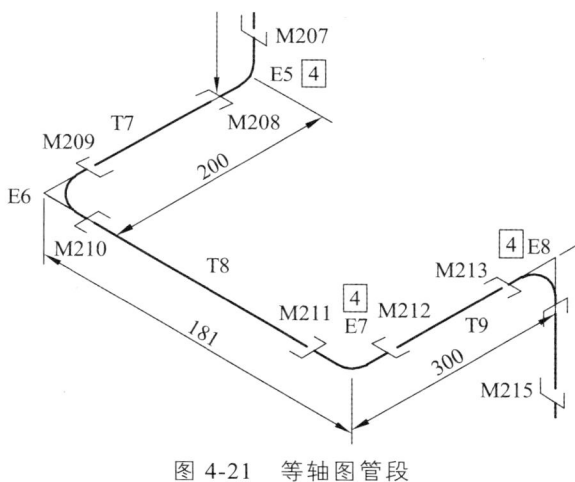

图4-21 等轴图管段

第七节 管道坡口加工及焊口组对

一、管道坡口加工

1. 坡口机加工

（1）使用电动坡口机加工坡口时，管端与刀口之间应留有2~3 mm的间隙，管子中心线应垂直于坡口机的切削平面,进刀应缓慢且加冷却液冷却刀具。

(2)操作者必须熟悉坡口机加工工艺,切削完毕后,清除坡口处的油脂、脏污和水渍。

2. 角向砂轮磨光机加工

(1)角向砂轮磨光机所使用的砂轮片直径为$\phi100$、$\phi125$或$\phi150$,坡口加工的管道规格应与砂轮片规格相匹配。

(2)坡口加工完毕,应及时清理坡口表面及邻近区域(20 mm之内)的残存毛刺。

3. 检　验

不论用哪种方法,坡口加工操作完成之后,应对坡口的质量进行检验,其检验标准如下:

(1)坡口的加工尺寸和加工形式必须符合坡口加工图的要求或技术文件的规定。

(2)坡口的加工质量应满足下列要求

① 坡口表面的粗糙度应达$Ra \leqslant 6.3$ μm的要求。

② 坡口不应有不均匀的钝边、毛刺、擦伤、裂纹、氧化皮及凹凸等缺陷。

③ 坡口两边20 mm内管子内、外表面的清洁度,用白布进行检查,肉眼检验白布基本保持原有清洁度为合格。

二、管道组对、焊接

1. 管道组对、焊接的先决条件

在核岛辅助管道安装的施工现场中,按照设计技术条件的分类,将整个现场的管道按直径分为两大类:一类为$\phi \leqslant 2″$的管道,另一类为直径$\phi > 2″$的管道,对于不同管径的管道采用的组对方法也不相同(个别组对除外)。但是,不论对于何种管径的管道,在焊接组对之前,必须检查是否满足下列条件要求:

(1)所需的跟踪文件是否齐全。

(2)焊接设备是否经过标定。

(3)焊工是否具有相应的资格。

只有满足上述焊接条件之后,才可以进行组对和焊接。

2. $\phi \leqslant 2″$的管道的组对、焊接

对于$\phi \leqslant 2″$的管道的组对方式有两种:绝大多数为插套焊缝,少数为对接焊缝。插管管端为斜面的形式,如图4-22所示。按照焊接接头形式的不同,其组对的方法也不同,具体方式如下:

在焊接以前,插管端部和管套底部之间的间隙为1.0~4.0 mm,焊接后应留有适量的膨胀间隙(见图4-23)。

优先采用的间隙值（X）：

（1）$\phi \leqslant 1''$，间隙为 $1\ mm \leqslant X \leqslant 3\ mm$。

（2）$1'' < \phi \leqslant 2''$，间隙为 $1\ mm \leqslant X \leqslant 4\ mm$。

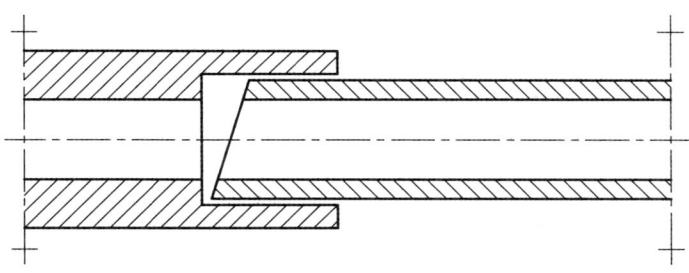

图 4-22　插管管端为斜面

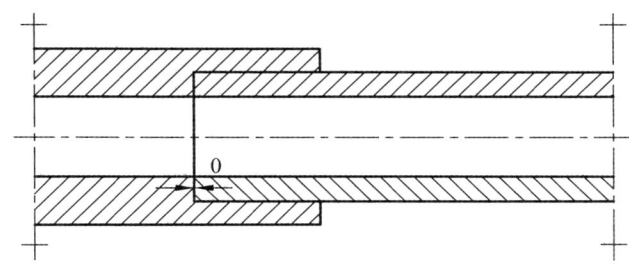

图 4-23　焊接后套管和管道没间隙

3. $\phi > 2''$ 管道的组对焊接

对于直径大于 $2''$ 的管道，其接头形式均为对接焊，其坡口形式一般有 V 形对接和 U 形对接两种形式，如图 4-24 所示。

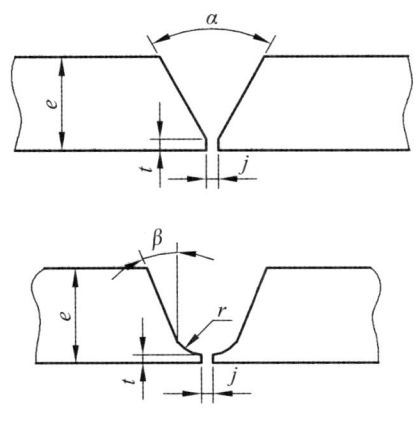

图 4-24　V、U 形对接焊缝

组对前必须将坡口表面 20 mm 范围内的铁锈、油污清理干净，并打磨出金属光泽，然后检查坡口的外观，符合相关的规定。

当上述内容检查合格后，才可以进行组对。在组对时，为了管道对中和保持组对的位置，可以使用诸如卡箍、夹紧器、夹具等措施（见图 4-25 和图 4-26）。

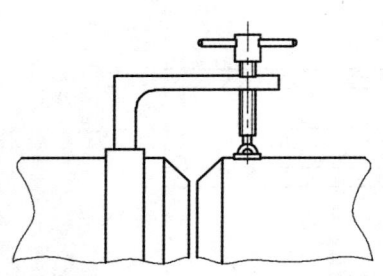

图 4-25 管道焊口错边组对方法

图 4-26 焊口错边调整

在管道组对过程中，由于下列原因的客观存在，必然会产生错边。

（1）组对件的口径大小不一致：主要因为管件（如弯头、三通、大小头等）与管子之间存在厚度差。

（2）管道存在椭圆度：由于在工程上存在着大量板卷焊管，此类管道椭圆度较大。

为了尽量减少或消除错边，在组对时，采取如下措施：

（1）将错口均匀地分布（见图 4-27）。

（2）利用夹具或千斤顶等工具修整管道的椭圆度。

（3）将壁厚减薄形成过渡坡口，减少错边量。

部件在组对完成后，按照 RCC-M 的有关规定，应根据壁厚情况选择不同的点固方式（如需要）。常用的点固方式有点固棍固定焊口（见图 4-28），点固块固定焊口（见图 4-29）。

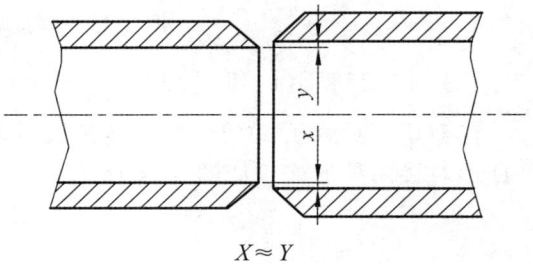

图 4-27 口径大小不一致时的组对方法

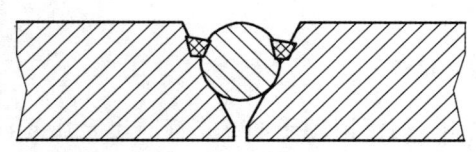

图 4-28 点固棍固定焊口

图 4-29 点固块固定焊口

4. 焊　接

（1）点固完成后，经质量控制（QC）人员检查，并在相应的跟踪文件上签字后，方能开始焊接。

（2）焊接时，应特别注意，严禁在坡口表面以外的区域引/起弧，焊机的地线必须保持良好的夹紧状态。对于不锈钢管道焊接，焊缝背面应有惰性气体保护，以免氧化。

（3）在焊接过程中，特别是在打底焊道时，应避免产生未焊透、未熔合等焊接缺陷，对于氩-电联合焊，则应注意层间的清理，以免产生夹渣。

（4）在焊接过程中，注意错边情况，应通过焊接方式、顺序、速度等方面进行控制，避免造成错边增大。

5. 焊接接头的要求

不允许存在下列情况：

（1）主焊缝十字交叉（应使纵横焊缝错开，见图 4-30）。

（2）对需要对接焊的两个管子或弯头的纵向焊缝边缘的净距离，不小于下面两个数中的小者。

① 2 倍于管子或弯头的壁厚。

② 40 mm。

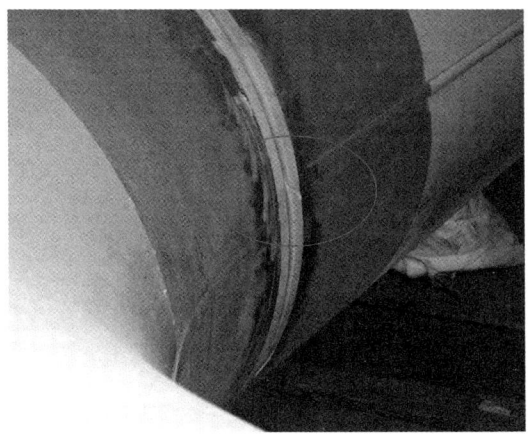

图 4-30　纵焊缝错开

> 思考与练习

1. 什么是管道预制？其基本工序有哪几部分？
2. 简述管道预制的目的及要求。
3. 简述管道弯制的质量要求。
4. 绘制马蹄弯管件的展开图（外径 48 mm，角度 60°）。

第五章

支架预制与安装

- 第一节 支架的定义、作用及其分类
- 第二节 核电工程支架的分级及功能
- 第三节 一般支架安装
- 第四节 特殊支架安装
- 第五节 支架安装的公差

第一节　支架的定义、作用及其分类

一、支架的定义

支架是一种用于支撑架空管道的结构件。

二、支架的作用

支架的作用是支撑管道，并限制管道的变形和位移，承受从管道传来的各种压力，并将这些力传递到支撑的基础上。

三、支架的分类

管道支架按用途和结构形式分为固定支架和活动支架。其中，活动支架又分为滑动支架、导向支架、滚动支架和悬吊支架。

1. 固定支架

固定支架就是不允许有任何方向位移的支架，如图 5-1 和图 5-2 所示。

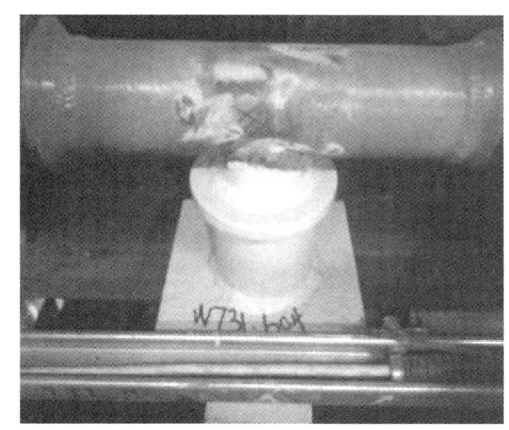 

图 5-1　固定支架（一）　　　　　　　图 5-2　固定支架（二）

2. 活动支架

（1）滑动支架：承接管道的水平推力，可以在水平面自由位移，如图 5-3 和图 5-4 所示。

图 5-3 滑动支架（一）

图 5-4 滑动支架（二）

（2）导向支架：可沿管道轴向位移，如图 5-5 和图 5-6 所示。

图 5-5 导向支架（一）

图 5-6 导向支架（二）

（3）悬吊支架。

① 悬吊圆钢支架：常用在不便安装滑动支架的地方，如图 5-7 和图 5-8 所示。

图 5-7 悬吊圆钢支架（一）

图 5-8 悬吊圆钢支架（二）

② 悬吊弹簧支架：适用于伸缩性及振动较大的管道，如图 5-9 和图 5-10 所示。

图 5-9 悬吊弹簧支架（一）　　　　　　图 5-10 悬吊弹簧支架（二）

（4）滚动支架：适用于管径较大，介质温度高而无横向位移的管道，如图 5-11 和图 5-12 所示。

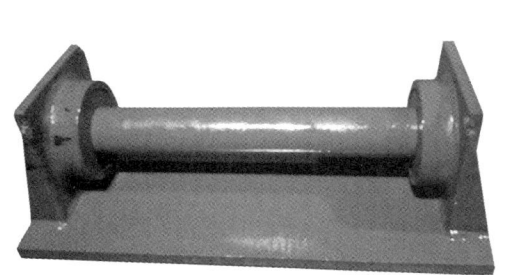

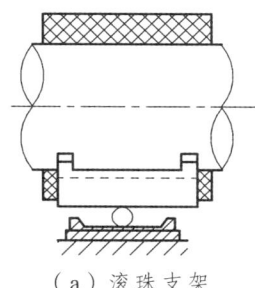

（a）滚珠支架　　（b）滚柱支架

图 5-11 滚动支架实物　　　　　图 5-12 滚动支架结构

（5）弹簧坐架：可用在有安装坐架的位置，适用于伸缩性及振动较大的管道，如图 5-13 和图 5-14 所示。

图 5-13 弹簧坐架　　　　　　图 5-14 弹簧坐架安装效果

（6）管卡和钩钉：适用于 DN≤50 mm 的非工艺管道，如图 5-15 和图 5-16 所示。

图 5-15　管卡和钩钉（一）　　　　图 5-16　管卡和钩钉（二）

（7）特殊支架：通过塑性变形吸收管道位移能量，保护其相关联的设备，如图 5-17 和图 5-18 所示。

图 5-17　特殊支架（一）　　　　图 5-18　特殊支架（二）

四、支架设计选用的标准

支架设计选用必须满足管道运行安全，节省材料等标准。

五、支架安装完毕后的质量检查

（1）支架的形式、几何尺寸、材质、精度、防腐及焊接质量符合要求。
（2）不得改变支架功能。

第二节　核电工程支架的分级及功能

一、按 RCC-M 标准分级

CPR1000 堆型核电站核岛辅助管道中的支架，按照法国《压水堆核岛机械设备设计与建造规则》（简称 RCC-M 法规）中 H1300 篇的规定，可分为 S1、S2 级，除此之外还有 NC 级（NC 级即非 RCC-M 级）。

支架的级别与被支承设备级别相关联，具体如下：
（1）S1 级支架：支承 1 级设备或部件。
（2）S2 级支架：支承 2 级或 3 级设备或部件。
（3）NC 级支架：支承 NC 级设备或部件。

当级别不同的两个或两个以上设备共用一个支架时，支架的级别按级别最高的那个设备定级。

二、支架按安装阶段分级

支架的安装可分为两个不同阶段：第一阶段、第二阶段。对应于这两个阶段的支架，习惯称之为第一级支架和第二级支架（这不同于 RCC-M 中规定的 S1、S2 级）。

1. 第一级支架定义及安装要求

第一级支架指的是固定到土建钢结构或混凝土结构上的固定部件和辅助钢结构架。一级支架安装现场如图 5-19 所示。

图 5-19　一级支架安装

当第一级支架为梁型结构件时，应在安装管道之前安装，这些支架可用于管道的吊装和安装。当第一级支架或一级支架的构件安装对管道安装或对第二级支架安装质量有影响时，应滞后安装。

2. 第二级支架定义及安装要求

第二级支架包括管道限位和固定部件、中间支承件。管道限位和固定部件包括整体化固定支座附件（假三通）、支架限位部件、导向部件、弯管托（耳轴）、U 形管卡（见图 5-20）、管夹（见图 5-21）、抗摆动支承中间连接部件、拉杆、缓冲器拉杆、弹簧箱等。中间支承部件包括吊环螺母、花兰螺栓、U 形连接件、吊杆、吊杆连接件、吊架横担梁等。

图 5-20　U 形管卡

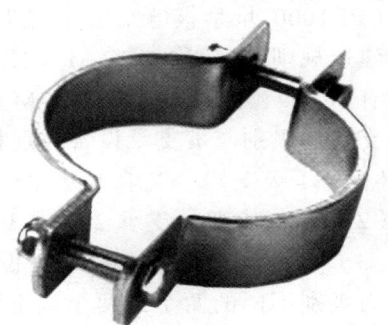

图 5-21　扁钢管夹

管道固定部件一旦装配完毕并紧固和连接到第一级支架上时，就应使支架达到其设计功能。

第二级支架部件有如下 5 种主要功能：固定功能、刚性限位和柔性限位功能、导向功能、减振功能、可变和恒定负荷支承功能。

除阻尼器和弹簧箱外，第二级支架部件的安装和调整在管道的安装和调整中或之后进行。

阻尼器的安装和调整应在管道及管道上的其他支架和支架部件安装完毕之后进行，且大多数在冷功能试验以后进行。

已安装完成的一阶段及二阶段支架，如图 5-22 所示。

图 5-22　已安装完成的支架

三、支架的功能

第二阶段支架的功能见表 5-1。

表 5-1　第二阶段支架功能

代号	名称	示意图	代号	名称	示意图
CS	共用支架		BL	轴向限位支架	俯视
PS	管子搁架		BT	横向限位支架	
PF	固定式管支承（固定点）	焊接上	BV	竖向限位支架	
PL	可滑动支承		GL	轴向导向支架	
CB	紧固支架	螺栓固定 两个并排的紧固支架可作为固定点	GT	横向导向支架	
SF	刚性吊架	SF　SV　SC	dabt	带有横向限位器的减振支架	
SV	弹簧吊架		dabl	吸振纵向限位器	俯视
SC	恒力吊架				
AM	减振器或阻尼器		dabv	吸振立向限位器	

第三节　一般支架安装

一、支架安装流程

支架的安装流程如图 5-23 所示。

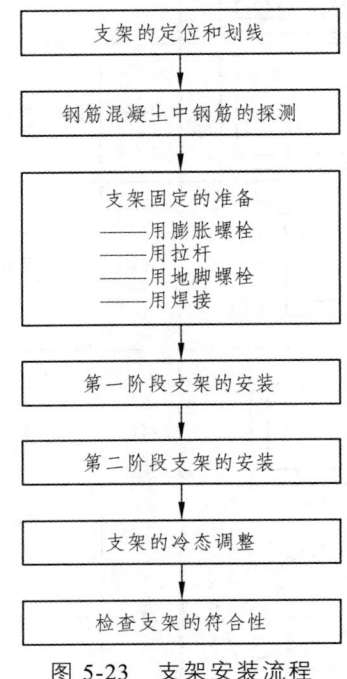

图 5-23　支架安装流程

二、支架定位和画线

（1）属核蒸汽供应系统（NSSS）的管道支架的安装定位必须与等轴图配套使用。支架图一般以 A2 及以上幅面提供，除了像其他支架图一样标明支架的安装标高外，还需用图或表格的形式标明支架的平面位置，即以核反应堆厂房圆心为原点的 X，Y 轴的坐标值或某测量基准板的相对位置或角度（GR）。这是核蒸汽供应系统（NSSS）的管道支架的定位的基本依据。

（2）辅助系统（BNI）的大管（$d>2″$）支架，其支架图以 A3 幅面提供，以区域为单位。这类支架图上仅标明支架的定位高度，平面位置在专门的管道支架位置指示图上标明。因此，辅助系统（BNI）的大管（$d>2″$）支架的定位依据是支架图和相应的管道支架位置指示图。

小管支架的定位依据与辅助系统（BNI）的大管（$d>2″$）的支架相同，所不同的是小管支架的平面布置图就在它本身的支架图中。

（3）当厂房内某一区域具备了安装条件后，首先应由有经验的工人、测量员进行大管道支架安装位置的测量放线工作。由于某些区域管道支架非常密集及安装技术上的要求，在进行这项工作时要选择大口径管道、RCCM级别高的、结构复杂的或者是多根管道共用的支架优先进行。从支架固定位置来说，高的先于低的；从支架固定型式来说，焊接在土建预埋板上的要先于用膨胀螺栓固定的。因为焊接在预埋板上的支架位置的设计可变范围要远远小于用膨胀螺栓固定的支架。而那些安装在地面上的，且又有碍通行的支架，应在高位置支架和支架上的管段基本就位后，没有大量的材料运输要经过该地段时，才可进行放线安装。支架的就位没有必要等，也不能等某一区域所有的支架放线完成后才进行，因为那样会由于区域内支架定位线过多，间隔时间太长而造成混乱，最好是支架放线比安装超前15～20个支架为好，这样可以较好地发挥班组的生产效率，使支架的放线与安装工作进入流水线作业的良性轨道。小直径管道（$d≤2″$）的支架放线、安装一般在大管道安装之后进行，但要注意的是有些用膨胀螺栓固定的小管道支架离大管道或其他支架的空间位置很近或者是在其他管线的上方，这就需要在这些管线和支架就位前就进行放线，并在混凝土上进行钻孔。因为支架技术要求规定在混凝土面上的膨胀螺栓孔径的允许偏差只有+1 mm，为满足这个要求，只能使用真空吸盘钻机及钻杆来进行钻孔，而钻孔则需要被钻孔的混凝土结构面上约400 mm×400 mm的光滑面和离墙垂直距离约700 mm的空间来固定钻机，再加上工人操作所需的空间才能进行，否则就会造成因安装顺序错误而导致这类小管支架的设计修改，或者全部拆除影响小管支架钻孔的管道和支架。

支架现场安装一般原则总结如下：

（1）管道支架的安装定位必须与等轴图配套使用，必要时参照平面图或厂房支架坐标图来确定支架的具体位置。

（2）先测量放线、定位。

（3）从支架固定位置来说，高的先于低的。

（4）RCCM级别高的、结构复杂的或者是多根管道共用的支架优先进行。

（5）大管道优先安装。

（6）不锈钢或合金钢先于碳钢安装。

（7）在空间狭窄的地方，用膨胀螺栓固定的小管道支架，应先放线定位，再用真空吸盘钻机来进行钻孔。

三、支架安装顺序

一般原则：第一阶段支架先于管道安装，第二阶段支架或辅助支架与管道同时安装。管道支架的安装原则上是按照管线的顺序进行的，这和上面所述的支架放线顺序是一致的，并且在与上述原则没有冲突的情况下，总是考虑先安装那些高位置的多根管道共用的支架。因为这不仅符合管道安装的基本原则，而且可以使更多的管线就位安装。其次是安装高位置的，但支架上管子不多的（一般只有一至二根）支架。只有在高位置支架上的管道走向向上、向下时才可能安装地面上的支架。而对于支架上各类非焊接固定的栓接形管夹，应在管段就位时或就位后安装。对阻尼器定位件、弹簧箱及弹簧箱定位件必须在相关的管道完全定位后安装，其原因是对弹簧箱安装的垂直度，阻尼器安装的角度、长度的允许偏差的技术要求严格。另一方面因为与管道直接焊接的某些支架附件是由预制厂焊接在管线上的，这意味着没有更改的可能性。所以在管线定位前焊死支架的构件是注定要返工的。弹簧箱及其吊杆的安装是在支架安装过程中完成，但弹簧箱并不释放，而阻尼器在正常安装过程中，仅安装模拟件。弹簧箱在水压试验与冷态试验之间正式释放。阻尼正式件则是在冷态试验后，热态试验前才进行安装。在焊接有阻尼器的支架构件，特别是阻尼器的两个连接座时必须使用与阻尼器型号相适应的阻尼器模拟件来确定它们的相互位置，这一点是非常重要的。

根据以往的工程经验，支架安装应注意下面几点：

（1）根据支架固定形式和布置的密集程度，应注意在混凝土墙面、地面、顶部钻膨胀螺栓或螺杆（极少数）孔的时机，这在支架和管道布置密集区尤为重要。

（2）对于单根或两根管道的限位支架和多根管道共用支架上的限位构件不宜在管道安装定位前固定或焊死，它们应在管线完全定位后，精确调整支架或构件的位置，而使其达到规定的要求。

（3）在安装高位多层布置或多根管道的共用支架时，应注意管道就位的可能性，所以在焊接支架立杆时，每隔几米，就要留几根立杆不焊死，以便在管段就位时，方便地拆除它们。

（4）支架构件的调节余长用于消除由土建结构的位置、表面不平直度误差对支架安装位置的影响。因此，调节余量的切除量必须根据支架安装位置处的土建结构的实际误差值来决定。

（5）支架安装必须注意与管线的流向、坡度、轴线一致。

（6）在土建预埋板或支架基板上焊接大构件时，应充分注意焊接变形问题。

（7）图纸上给出的支架功能，按照 RCC-M 的规定不可改变。

（8）注意焊接接头形式，以正确选择接头的坡口形式和构件的焊接顺序。

四、钢筋混凝土中钢筋的探测

（1）支架定位后的打孔区域假如碰到钢筋，应停止钻孔并选择一个新位置钻孔，其外径必须离前一个孔外径表面的对角线不小于 25 mm。

（2）在安装螺栓前，用压缩气体或高压水对孔进行清洁，允许外部物质留在孔内。

（3）如遇钢筋，则在支架公差范围内，重新找出待钻孔的位置。

注：在基板钻孔时，若支架底板上另有多余的孔，不需要填补，但应补漆。

五、支架焊接组对

尽管管道运行参数的不同，支架的结构类型和功能也大不相同，但现场支架安装阶段大致可分为一阶段支架安装和二阶段支架安装。

按照支架的不同类型和不同的安装阶段要求，在支架组对和焊接时，除图纸和《支架标准手册》中的规定外，还在技术要求中做了详细的描述，所以在整个组对支架时，必须严格按安装技术要求的规定执行。

在支架焊接前，首先应将待焊接部位的油、锈、油漆等清理干净，然后再严格按照技术要求和焊接工艺评定要求进行焊接。焊接完成后，应仔细清除焊缝表面及附近区域的熔渣、飞溅等杂物，并检查焊缝是否满足要求，对于不符合要求的焊缝，必须进行修整或重新焊接。在焊接过程中，还应该注意调整焊接顺序或者采取相应的措施，防止和减少焊接变形。

第四节　特殊支架安装

一、阻尼器的安装

阻尼器是一种在额定行程内具有迅速产生作用力的液压装置部件。它的作用是为了限制管道在地震或水锤的情况下而产生剧烈扰动，在阻尼器的额定行程内，作用力只允许管道做缓慢的移动，以达到保护管路系统的目的。

阻尼器的安装有三个步骤：

1. U形座的焊接

（1）检查U形座的规格、尺寸是否与图纸相符。

（2）使用销子检查U形座的销孔，确保销子能自由穿入。将一个U形座点焊在管道上的U形座固定件上。

（3）将模拟阻尼器调节到相应的长度，装配在管道和U形座固定件上。

（4）将已连接在模拟阻尼器上的U形座点焊固定在支架上。

（5）U形座最终焊接前，检查装配角度是否在允许偏差内。

（6）注意U形座焊接变形。

（7）待完全降温后拆除模拟阻尼器，再次验证销子能否自由穿入U形座的销孔（如有问题，进行调整）。

（8）油漆涂装焊接部位。

2. 阻尼器的调整与安装

（1）核查阻尼器的型号、规格是否与支架图相符。
（2）检查阻尼器的活塞杆上是否有划痕，球形接头是否旋转灵活。
（3）量出两个 U 形座销孔间的实际距离。
（4）调节阻尼器的活塞杆长度与两 U 形座销孔间距相适应。
（5）检查阻尼器的活塞杆的位置是否符合相关技术要求。
（6）阻尼器安装时需注意油缸侧应远离管道，即油缸在支架侧，活塞杆在管道侧。
（7）将销子穿入 U 形座和球形接头的销孔内，在每个销子的两端装上弹性挡圈。
（8）阻尼器正式件在冷态试验后，热态试验前进行安装。

3. 最后检查及报告的完成

（1）最终检验是在热功能试验之前（在冷态下）进行。
（2）去掉阻尼器保护件，放松所属管线上所有弹簧。
（3）箱内的锁紧装置，按照文件要求测量阻尼器的相关尺寸，并将测量结果记录，必要时及时对阻尼器进行调整。
（4）按照相关程序和文件要求完成报告。

二、弹簧支吊架的安装

1. 弹簧支吊架的类型

（1）变力弹簧支吊架：主要用于有垂直位移的管道支吊点上，确保管道和设备的安全运行并延长其使用寿命。
（2）恒力支吊架：对于恒吊支撑的管道和设备，在发生位移时，可以获得恒定的支撑力，因而不会给管道设备带来附加应力。

2. 弹簧支吊架的功能

它们安装在管道和支架主要部件之间，承受由管道引起的载荷，这种支架用于支承垂直移动的管道或设备。

3. 弹簧支吊架安装顺序（见图 5-24）

4. 弹簧支吊架的安装与调整

（1）弹簧支吊架的安装。
① 将变力弹簧支吊架和恒力支吊架定位和固定到支架固定装置上。
② 支撑搁置式弹簧支吊架（SV.D）通过调整管（或称载荷柱）调整安装高度，使调整管与顶部承载板或滚子与管部紧密接触。
③ 检查附件构件，保证运动部件在运动时不受阻碍。

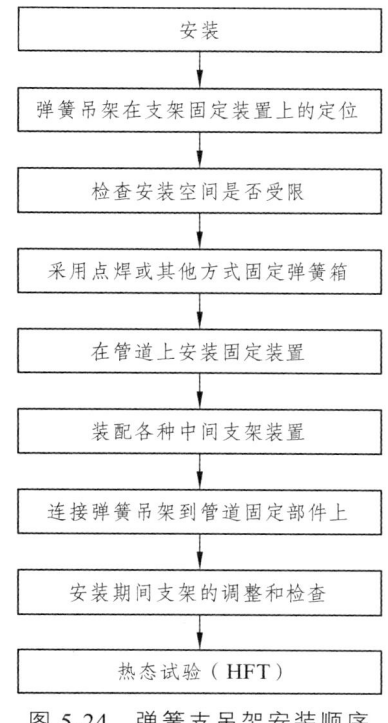

图 5-24 弹簧支吊架安装顺序

④ 根据支吊架组装图将弹簧箱点焊或采用其他方式固定在支架或支架固定装置上。

⑤ 在管道上安装固定装置。

⑥ 装配各种中间支架装置：拉杆、挂钩、花兰螺栓、吊环等。

⑦ 用中间支架装置连接可变载荷弹簧吊架和恒力弹簧吊架到管道固定部件上。

（2）弹簧支架的调整和检查。

① 在所有安装步骤中检查变力弹簧支吊架和恒力支吊架是否仍保持锁紧状态。

② 确保悬挂拉杆垂直。

③ 上螺纹悬吊式（SV.S）与下调节搁置式（SV.P）弹簧支吊架可以调整花兰螺丝，直至弹簧压板下平面对准刻度板上的冷态载荷标记 C，此时壳体上的定位销基板处于水平位置，定位销也比较容易拔出。

④ 调整结束，用锁紧螺母锁住。

⑤ 支撑搁置式（SV.D）弹簧支吊架可以调节调整管，使两只定位销处于水平位置。

⑥ 恒力支吊架转动花兰螺丝，拉紧拉杆并使恒吊锁紧块与位移指示销间处于松动状态。检查锁紧装置（锁定螺母、销子）是否齐全，此时定位销不能拔出，防止清洗管道和水压试验时弹簧过载。

⑦ 在水压试验与冷态试验之间进行弹簧箱的正式释放。

三、核电站其他类型特殊支架安装

1. R70、80、90 一回路热段、冷段管安注 RIS 系统防甩击支架安装

（1）先核查预留孔的标高、位置和几何尺寸的正确性。

（2）对照图纸核查材料（材质、尺寸、规格）。

（3）理清施工的逻辑顺序，避免出现达不到焊接要求、零部件安装不上、管道穿不过、防腐油漆涂装不了等情况。

（4）每一步施工前，反复考虑是否正确，是否影响后一步的工作。

（5）为提高效率，能预制的部分尽量预制。

（6）焊接过程要控制焊接变形和反变形。

2. R40、70 区域，标高 ±0 m 公用支架的安装

（1）利用地上的坐标点，在地面上画出管线的走向，确定支架的位置，再用线坠把位置信息反馈到天花板上。

（2）由于支架密集，每间隔一个支架立柱只能点焊，便于穿管道就位。

（3）承重横梁焊接时要复查标高，不得出现坡度错误。

（4）固定支架、二级支架的限位部件的焊接需谨慎，要管段完全就位后方可固定。

（5）注意管道与支架间的间隙量。

3. R70/80/90 区 +4.75 m 房间的 RIS 系统通向安注箱的管道防甩击支架安装

（1）核查标高。

（2）支架底板调整就位后，穿楼板长螺栓的防护套的长度、位置调整必须精确。

（3）孔洞处的地板须凿平，套管与地板间隙不能过大，否则浆料灌入孔洞和螺栓凝结，螺栓不能自由活动。

（4）底板上的限位钢板焊接注意施工顺序，既达到所有焊缝全焊接，又利于清根打磨。

（5）控制焊接变形。

4. R 区外环廊的 VVP/ARE 系统管道支架安装

（1）根据地板的坐标和弧形墙上的标高和角度，先确定支架在弧形墙上的底座生根位置。

（2）根据管线在地板上的走向决定支架左右摆动位置（支架承重主梁必须与管道纵线呈 90°夹角）。

5. 热电厂的热力管道支架安装

（1）在确定支吊架的位置时，要考虑管道在冷热态之间发生的位移。

（2）在滑动或导向支架底板与钢构架接触面加耐高温的聚四氟乙烯板，起绝热和减少摩擦的功能。

（3）管道在试运行阶段随时检查支架的位移量，可调整减少误差。
（4）滚动支架的横向安装位置要最后固定定位。

第五节　支架安装的公差

一、支架结构的符合性

支架结构的符合性，应符合下列要求：
（1）支架总的形状与设计相符，并且无梁与梁连接顺序和形式上的任何修改。
（2）梁的长度和梁连接的位置允许误差为±100 mm或梁长度的10%（取两者中较大者）。
（3）不能改变支架的功能。
（4）不能修改支架的标准部件（除非另有说明）。
（5）连接的焊缝形式应符合要求。
（6）凡槽形结构梁且有积水的可能时，在其最低处的槽形底部钻一个$\phi 8 \sim \phi 10$的孔以排除积水，孔内补漆。
（7）螺栓与支架零件的垂直度的最大允许偏差为5°，如图5-25所示。

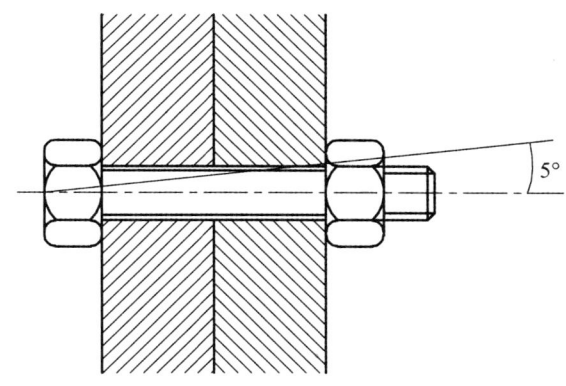

图5-25　螺栓与支架零件的垂直度的最大允许偏差

（8）支架上除膨胀螺栓（如有）和图纸另有注明的螺纹外，其他所有连接件的螺纹部分都必须均匀涂上黄油。

二、支架位置误差

1. 靠近设备的第一个支架的误差

（1）管道直径不小于4″：±20 mm。

（2）管道直径小于 4″：±10 mm，如图 5-26 所示。

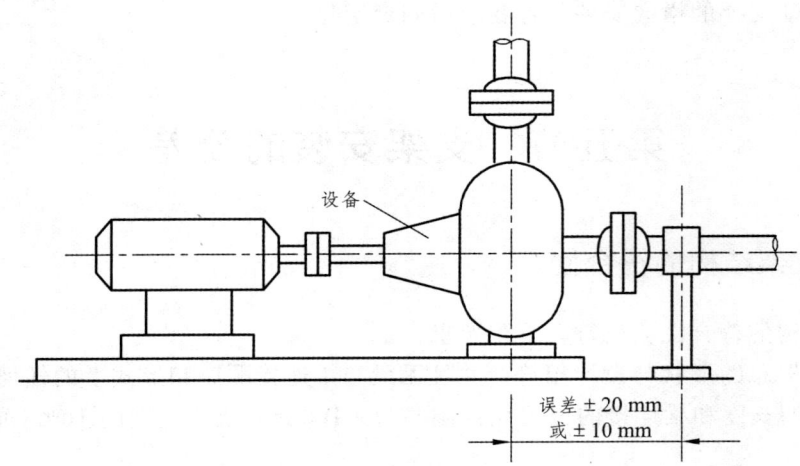

图 5-26　靠近设备的第一个支架的误差

2. 一般支架位置误差

（1）相对于参考点的允许误差，如图 5-27 所示。

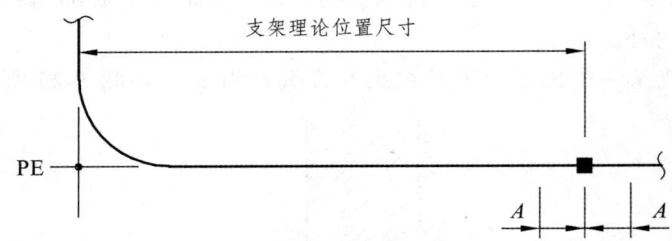

图 5-27　一般支架位置误差

（2）位置误差"A"的取值见表 5-2（ϕ 为管道公称直径）。

表 5-2　一般支架的位置相对于参考点的允许误差

管线的 RCC-M 级别	管　径								
	$\phi \leq 2''$						$2'' < \phi \leq 6''$	$6'' < \phi \leq 12''$	$\phi > 12''$
1, 2, 3	50 mm						100 mm	150 mm	200 mm
无级（NC）	受限无级	1/4″	1/2″	3/4″	1″	$1\frac{1}{2}''$	2″	150 mm	200 mm	250 mm
		100 mm	100 mm	100 mm	100 mm	100 mm	100 mm			
	非受限无级	150 mm	200 mm	250 mm	300 mm	350 mm	400 mm			

注：所谓受限和非受限是对管道的受限和管道的非受限而言。

（3）ARE 和 VVP 系统管线的支架位置误差，如图 5-28 所示。

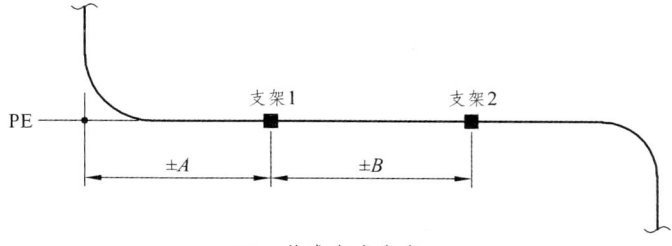

图 5-28　ARE 和 VVP 系统管线的支架位置误差

位置误差 A：

① ±50 mm：对于 $\phi>2''$ 管线与 RCC-M S1 级支架（所有管径）。
② ±100 mm：对于 $\phi\leqslant 2''$ 管线支架，除 RCC-M S1 级支架。
③ 具有"GL""PL"功能的支架，B 的允许误差为不大于 A 的 20%。
④ 耐磨垫处的支架定位及允许偏差如图 5-29 所示。

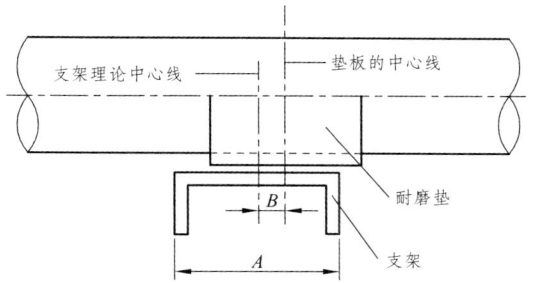

图 5-29　耐磨垫处的支架定位及允许偏差

三、支架基板及膨胀螺栓的安装

1. 支架基板上的钻孔位置

（1）两孔基板（NE、NG 型）钻孔位置如图 5-30 所示。

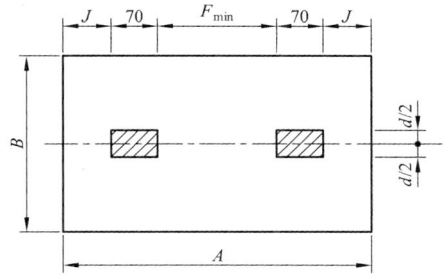

图 5-30　两孔基板（NE、NG 型）上的钻孔位置

注：d 为钻孔直径，$F_{\min}$ 为最小钻孔轴线间距，J 为钻孔轴线距基板边缘的最小距离，钻孔轴线必须在阴影区域内。

两孔基板（NE、NG 型）上的钻孔位置尺寸见表 5-3。

表 5-3　两孔基板（NE、NG 型）上的钻孔位置尺寸　　　　单位：mm

类型	A	B	E（厚度）	$F_{\min}$	d	J
NE1	340	200	15	150	17	25
NE2	400	220	20	200	21	30
NE3	470	250	25	250	26	40
NE4	530	280	30	300	31	45
NG1	290	120	15	100	14	25
NG2	340	120	15	150	14	25

（2）四孔基板（NF 型）钻孔位置如图 5-31 所示。

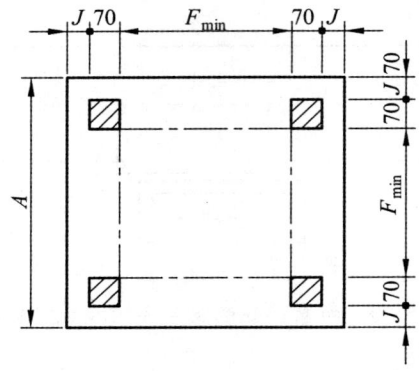

图 5-31　四孔基板（NF 型）上的钻孔位置

注：$F_{\min}$ 为最小钻孔轴线间距，J 为钻孔轴线距基板边缘的最小距离，钻孔的轴线必须在图中阴影区域内。

四孔基板（NF 型）上的钻孔位置尺寸见表 5-4。

表 5-4　四孔基板（NF 型）上的钻孔位置尺寸　　　　单位：mm

类型	A	E（厚度）	$F_{\min}$	J
NF1	340	15	150	25
NF2	400	20	200	30
NF3	470	25	250	40
NF4	530	30	300	45

（3）圆板钻孔位置如图 5-32 所示。

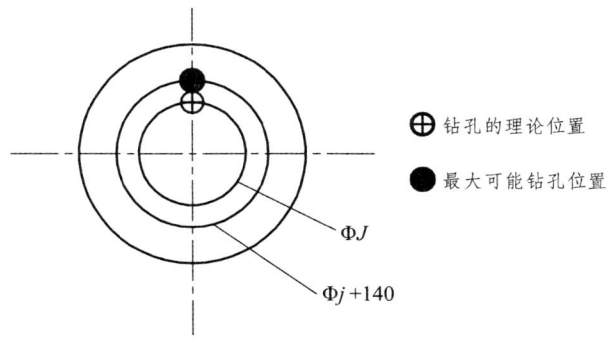

图 5-32　圆板上的钻孔位置

圆板上的钻孔位置尺寸见表 5-5。

表 5-5　圆板上的钻孔位置尺寸

支架类型	管径/in	基板（PLATE F）	
		规格/mm	J/mm
PH60a	2	ϕ440th15	230
PH89a	3	ϕ500th15	283
PJ114a1，a2	4	ϕ560th15	354
PJ168a1，a2	6	ϕ640th15	424
PJ219a1，a2	8	ϕ820th15	600
PJ273a1，a2	10	ϕ1 000th15	784
PJ324a1，a2	12	ϕ1 190th20	971
PJ356a1，a2	14	ϕ1 190th20	971
PJ406a1，a2	16	ϕ1 190th20	971

（4）八孔基板钻孔位置如图 5-33 所示。

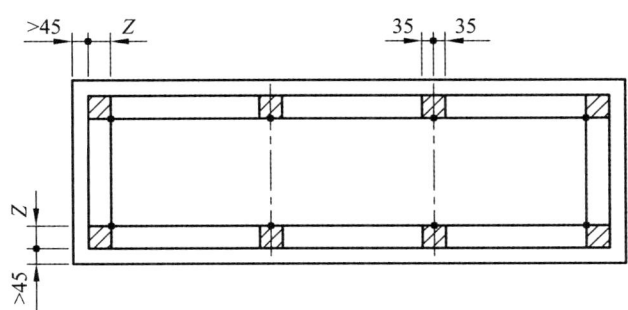

图 5-33　八孔基板上的钻孔位置

注：·为膨胀螺栓的理论位置；Z 为膨胀螺栓理论位置外最大 70 mm，但离基板边缘至少 45 mm；钻孔的轴线必须在图中阴影区域内。

2. 膨胀螺栓的定位原则

（1）情况1。

在图纸上未说明支架与支架之间、支架与部件之间或支架与混凝土边缘之间的距离，但只要膨胀螺栓之间距满足下述条件，那么无论什么值都是可以接受的。

① 在原设计定位处和公差范围内安装支架。

② 支架基板的全部表面必须在混凝土上。

③ 要求离混凝土边缘的最小间距如图5-34和图5-35所示。

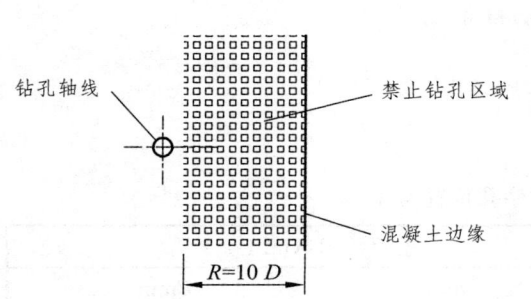
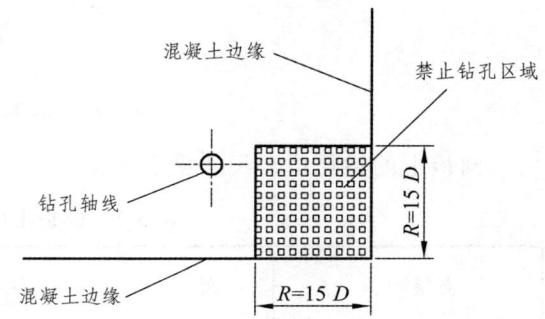

图5-34 距混凝土一边的膨胀螺栓定位原则　　图5-35 距混凝土一角的膨胀螺栓定位原则

（2）情况2。

在图纸上没有规定最小值（即在混凝土梁上的基板），但规定一个离土建工作点的距离。膨胀螺栓位置允许有±40mm的误差，如图5-36所示。

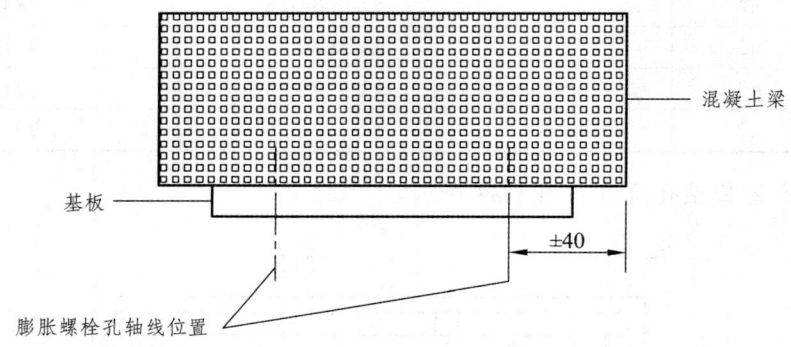

图5-36 图纸上未规定最小值时的膨胀螺栓位置误差

（3）情况3。

在图纸上规定其最小间距，这一最小间距必须被满足。

在混凝土中钻膨胀螺栓孔的允许偏差。

① 用钢筋探测仪测量钢筋位置，钻孔的孔洞应避开钢筋。

② 钻孔过程中如果碰到钢筋，应停止钻孔，并选择一个新位置钻孔，废孔必须用配制好的特殊水泥砂浆堵死；

③ 孔径允许偏差 0_0^{+1} mm。

④ 孔的垂直度允许偏差 ±5°。

⑤ 钻孔深度、所用钻头大小取决于膨胀螺栓的类型。

膨胀螺栓的安装要求。

（1）膨胀螺栓分 P 型和 Q 型两种，膨胀螺栓紧固力矩的大小随螺栓参数的不同而不同。

（2）紧固力矩值的公差为 +15%，P11~P17 膨胀螺栓的具体的紧固力矩值按图纸或文件上的规定的执行。

（3）对于所有类型的膨胀螺栓，穿过锁紧螺母的螺栓外露长度"Z"至少为 2 道可见螺纹（目检），如图 5-37 所示。

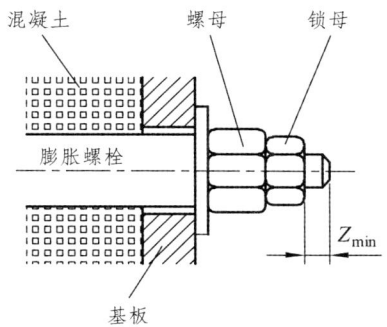

图 5-37　膨胀螺栓安装后外露长度

四、支架基板与混凝土表面的间隙要求

（1）把 U 形垫板点焊到调整后的支架上，如果混凝土表面和支架基板表面间的坡度较大，应把钢垫板进行加工或打磨成形以便使其表面与支架基板表面和混凝土的大部分表面相接触。支架基板与混凝土表面的间隙要求主要分为三种情况，见表 5-6。

表 5-6　支架基板与混凝土表面的间隙

可否接受	支架底板的安装情况	说明
可接受		混凝土和基板之间在膨胀螺栓区至少有一点接触

续表

可否接受	支架底板的安装情况	说明
不可接受（支架返工）		混凝土和基板之间无接触或在非膨胀螺栓区仅有一点接触
间隙不大于 2 mm：可接受。间隙大于 15 mm：报设计部门。除以上两种情况以外加斜垫铁，禁止用环氧树脂填充间隙		混凝土和基板之间在膨胀螺栓区无接触，但在基板其他部分有接触

注："间隙"仅指膨胀螺栓处支架基板与混凝土墙面之间的距离。

（2）对于间隙在 2~15 mm 时，只要遵守如下规则，则允许在混凝土与基板之间垫上垫板。

① 对于膨胀螺栓。

膨胀螺栓贯穿深度：检查表面贯穿深度的标记。

② 对于垫板。

把 U 形垫板点固焊到调整后的支架上，如果混凝土表面和支架基板表面间的坡度较大，应把钢垫板进行加工或打磨成形以便使其表面与支架基板表面和混凝土的大部分表面相接触。斜垫板的安装如图 5-38 所示。

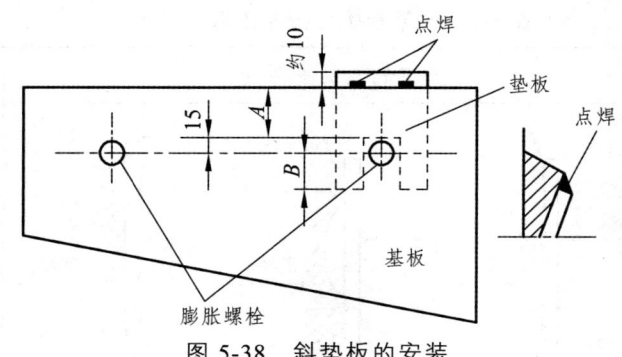

图 5-38 斜垫板的安装

注：根据基板上螺栓孔的位置确定 A；按照间隙长度确定 B，最大为 25 mm。

思考与练习

1. 管架的作用是什么？
2. 管架按用途和结构分为几种？
3. 支架按安装阶段分为哪几级？
4. 简述支架的安装流程。
5. 简述弹簧支架调整和检查的主要内容。

第六章

管道安装施工技术

- 第一节 管道分级与安装流程
- 第二节 管道安装通用技术要求
- 第三节 管道连接
- 第四节 热力管道安装
- 第五节 其他工业管道安装
- 第六节 在线部件及其他特殊设备安装

第一节　管道分级与安装流程

一、管道的级别

管道的级别从下面几个方面规定：
（1）安全等级：分为安全 1、2、3 级和安全无级。
（2）质保级：分为质保 1、2、3 级和质保无级。
（3）RCCM 级：分为 RCC-M 1、2、3 级和无级。
（4）清洁级：分为 A、B、C 三类。
（5）管道级：用 3 个或 4 个字母表示，如 NAD 第一个字母表示耐压级别，第二个字母表示管道材质，第 3 个字母表示 RCCM 级别，第 4 个字母表示是标准级还是特殊级。

① 第一个字母表示 ANSI（美国国家标准）B 16.5 级基本额定值。

第一个字母	基本额定值	对应的压力
N	150 磅	2.0 MPa

② 第二个字母表示材质类型：括号内表示 NSSS 系统代号及名称，括号外表示 BNI 系统。

第二个字母	材　质
A，C 或 K（A）	碳钢（低合金钢）

③ 第三个字母表示设计适用代号。

第三个字母	材质等级
D	RCC-M 3 级（D 卷）

④ 第四个字母表示分类。
A（或空白）：标准类。
B、C、J 等：特殊类。

二、管道安装流程

管道安装是按照逻辑顺序进行，其最终目的使安装的管道系统安全投运。管道的施工过程如图 6-1 所示。

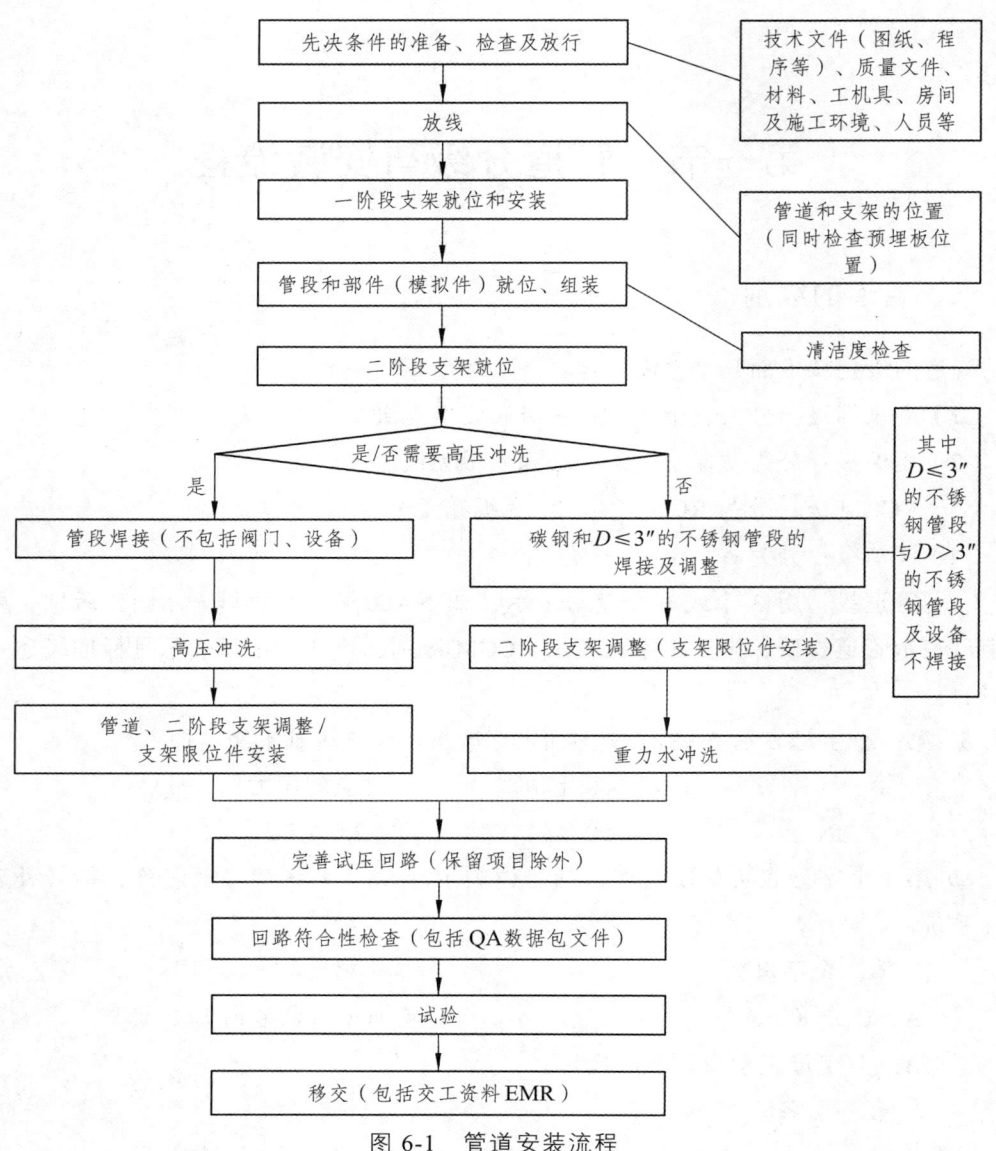

图 6-1 管道安装流程

第二节 管道安装通用技术要求

一、管道定位的依据和安装顺序

1. 定位依据

管道定位的依据是管道平面布置图和等轴图,辅助参考房间内的坐标或墙柱。

管道位置尺寸在管道平面布置图上有明确表示，通常这些位置尺寸标注在管线的拐点，支管节点或重要的阀门等部件与土建参照点，测量坐标点或其他设备（管线）间距的连线上。根据这些尺寸基本确定了管道的位置，更精确的位置调整应根据等轴图上所示的管道与支架的结构关系，相互之间的位置尺寸，运用管道的调节余长，支架位置的允许误差等综合权衡后决定。

2. 安装顺序

（1）先地下后地上，先高后低，先里后外，先大管后小管，先碳钢后不锈钢，先支架后管道。

（2）在同等条件下，技术要求高的，即RCCM级别高的先安装。

二、安装技术特点

1. 碳钢管道安装的技术特点

（1）管道焊口均采用氩弧焊打底，所有的焊接操作必须遵照对应的焊接工艺评定数据和焊工的资格范围。

（2）法兰的螺栓都有相应的、确定的紧固力矩。

（3）管道任何两参照点间不得存在倒坡。

（4）水平安装的管道底部或管道托座底部与支架结构间不得存在间隙。

（5）如对滑动管段有限位要求时，对限位的尺寸允许偏差都有严格的要求。

（6）对法兰组件的平行度和管道坡度的调整可运用焊接收缩的原理，亦可运用氧-乙炔焰加热、空冷的方法，但它们都有严格的质量控制。

（7）水压试验前不能安装的部件有：水压试验期间需放气和排水的短管与管帽的焊接（在等轴图上都已注明），安全阀，流量计（QD），限流孔板（DI）和流量孔板（KD），膨胀节（JD），金属软管（FL），流速测量器（MD），液位指示器（玻璃管），喷淋头（包括消防喷淋头），不介入现场压力试验的设备（如泵，罐，热交换器等）的法兰最终连接，在线一次仪表（温度计、压力表等）。这些部件在水压试验时用临时的堵头/板、模拟件加临时密封垫将试压回路封闭。

（8）需要特别注意的是，如果泵等设备的进口处需要安装临时过滤器（FT）时，则该处管段两端的法兰在系统冲洗合格之前都使用临时密封垫进行连接。

2. 不锈钢管道安装的技术特点

碳钢管道的安装技术特点大部分适用于不锈钢管道的安装，主要区别如下：

（1）在进行管道焊缝焊接（全氩）或氩弧焊打底时，管道内必须设置"氩气室"进行充氩保护，焊口要进行酸洗钝化处理。

（2）对不锈钢管道的装卸、运输、现场存放、安装等操作使用的机具、消耗品、操作方法都有严格的防污染、污染处理、清洁的规定。

（3）焊接完成后，如对法兰平行度、管道坡度（大直径管）需做最终调整，只能运用焊接收缩的方法，对于小直径管道的这类调整除了上述方法之外，亦可采用冷矫形方法。

（4）不锈钢管道在安装过程中，必须用除盐水对管道内壁进行冲洗清洁。关于清洁方法，将在第八章介绍。

第三节 管道连接

管道连接是根据设计图纸和有关规范，将管道与管道或管道与管件、阀门等连接起来，使之形成一个严密的系统，满足使用要求。

管道连接常见的方式有焊接连接、法兰连接、螺纹连接、承插连接、沟槽式连接等。可根据管子的材质、壁厚、管径、设计与工艺要求及现场的具体条件等不同情况，选用各种不同的连接方式。

一、焊接连接

1. 焊接连接的特点

（1）接口牢固严密，焊缝强度一般达到管子强度的85%以上，甚至超过母材强度。

（2）焊接连接是管段间的直接连接，构造简单，管路美观整齐，节省了大量的定型管件。

（3）接口严密，不用填料，可减少维修工作。

（4）接口不受管径限制，作业速度快。

（5）焊接连接接口是固定接口，连接、拆卸困难，如需检修、清理则要将管道切断。

2. 金属管焊接

（1）焊接连接主要用于工艺钢管的对接、焊接法兰和其他柔性口。焊接的方法通常有气焊、电焊和氩弧焊等。管道在焊接前应进行全面的清理检查。

（2）金属管壁厚等于或大于3 mm，应该进行坡口加工，并把焊接区域表面清理干净。

（3）钢管组对时，错边量和平直度不能超标，纵向焊缝之间应相互错开100 mm弧长以上，不得有十字形焊缝；焊口不得置于建筑物、构筑物等的墙壁中。

（4）钢板卷管时，每节管子的纵向焊缝不能排列在同一直线上，两节相邻管子的纵向焊缝之间的距离应大于壁厚的3倍，且不小于100 mm；同一节管子上两相邻纵向焊缝间距不应小于300 mm。

(5)焊口组对完成后用点焊固定，每个口至少点焊 3~4 处，焊接尽可能采用转动管子的平焊。

(6)有要求焊口焊前预热或焊后热处理的，必须严格按照工艺标准执行。

(7)管道弯曲部位不得有焊缝，对接焊缝距离起弯点不能小于管子的外径，且不小于 100 mm（焊接弯头除外）。

(8)管道支架处不应有环形焊缝。

二、法兰连接

法兰连接在工程上运用很广，它有拆卸方便、强度高、密封性好的优点，也有占用空间大，造价高的缺点。

1. 法兰的组对

(1)法兰的垂直度偏差在 $D \leqslant 6''$ 时，$t \leqslant 1$ mm，如图 6-2 所示。

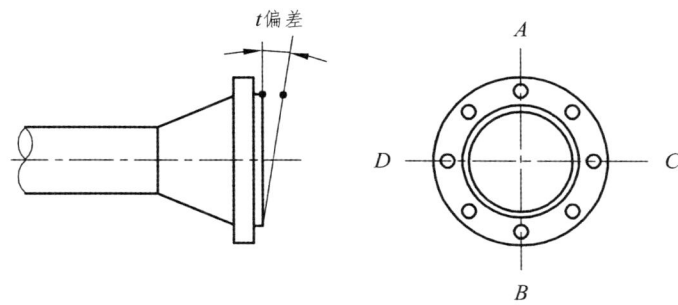

图 6-2 法兰焊口组对

(2)法兰螺栓孔距的允许偏差当管径 $D \leqslant 10''$ 时，$t = 1$ mm，如图 6-3 所示。

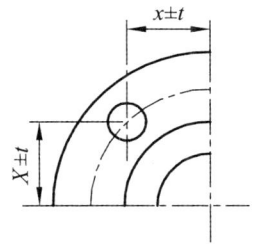

图 6-3 法兰螺栓孔距允许偏差

2. 法兰的栓接

(1)栓接法兰的安装顺序。

一个完整的栓接法兰安装顺序为，检查先决条件→检查法兰平行度、清洁度→安装密封垫和 3 个紧固件（如有可能每个间隔 120°）→密封垫对中，逐渐拧紧（紧固力矩小于最终力矩值）并找正法兰→安装其他紧固件并逐渐拧紧→检查密封垫均匀受压→法兰组件的最终紧固（达到最终力矩值）→螺母锁定。

（2）法兰的装配和栓接的技术要求。

① 装配前，将法兰密封面清理干净，不得有划痕。

② 装配平焊法兰时，管段应插入法兰内径厚度的 2/3 处，且不大于 2 mm。

③ 法兰平行度满足要求（见图 6-4）。

④ 法兰的同心度满足要求，保证螺栓能自由穿入。连接螺栓规格相同，安装方向一致，螺栓对称均匀紧固。

⑤ 螺母的硬度应小于螺栓的硬度，螺杆的螺纹外露 2~3 扣（<5 mm）。

⑥ 如有要求，螺母、螺栓应涂二硫化钼。

⑦ 高温或低温管道的法兰连接螺栓，在试运行 24 h 后，要进行热紧或冷紧。

⑧ 法兰连接不允许直接埋地，应增设检查井。

⑨ 法兰紧固件（螺栓、螺母和垫片）应符合技术标准。

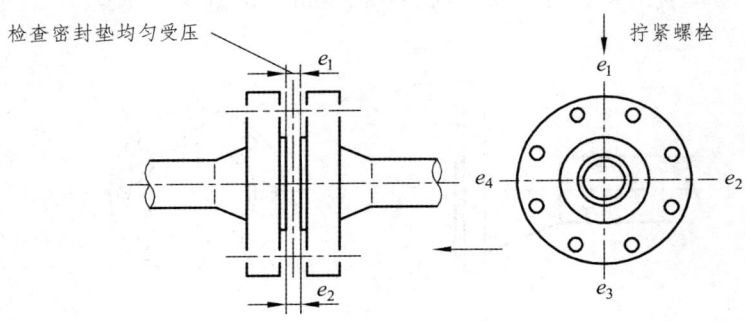

图 6-4 法兰平行度的检查

（3）紧固要求。

① 安装密封垫和 3 个紧固件

装上 2 个紧固件后，将密封垫插入 2 个法兰配合面之间，然后安装第 3 个紧固件并使 3 个紧固件大约相距 120°。

② 密封垫对中并逐渐拧紧并找正法兰。

法兰配合面间的密封垫应当对中，用手拧紧螺母直到其与支承面接触，密封垫对中后，轻微拧紧已装上的紧固件。

③ 安装其他紧固件并逐渐拧紧。

安装完其他的紧固件后，用手拧紧螺母直到其与支承面相接触。用经过标定的力矩扳手，以星形次序（见图 6-5）继续拧紧紧固件至最终力矩的 20%；按同样的次序继续拧紧至最终力矩的 50%。紧固时，应从法兰间隙大的一边开始紧固。

④ 检查密封垫是否均匀受压。

用塞尺在法兰外缘装配面之间间隔 90°的 4 个点处检查密封垫是否均匀受压。

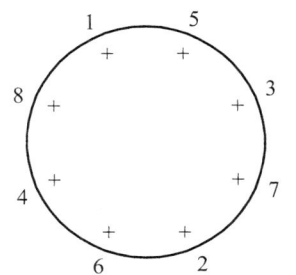 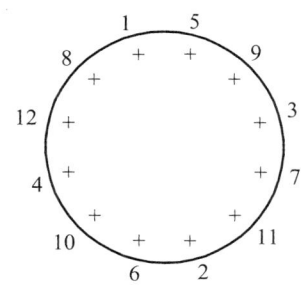

图 6-5 紧固顺序

⑤ 最终紧固法兰组件。

以星形次序紧固螺栓,直到每个螺栓到达最终紧固力矩值。最终紧固后,检查每个螺母,再拧紧由于拧紧其他螺母而造成的松动。最终紧固用标定的力矩扳手完成。

⑥ 最终检查法兰平行度。

应用塞尺最后检查法兰平行度,法兰和垫片接触面间不得插入超过 0.05 mm 厚的塞尺。如果法兰和垫片接触面间隙超过 0.05 mm,应拆除螺栓和垫片,重新调整法兰平行度,然后重复上述步骤。

三、螺纹连接

螺纹连接也称丝扣连接,是通过外螺纹和内螺纹之间的相互啮合来实现管道连接的。为保证接口的严密性,在内外螺纹之间常加上适当的填料。

1. 螺纹加工的方法

常用的螺纹加工方法有手工套螺纹和机械套螺纹。

2. 螺纹连接的特点

(1)优点:加工工艺简单、方便灵活、可拆卸、成本低。

(2)缺点:承压性能差、密封面易泄漏。

3. 螺纹连接

(1)管螺纹的连接有圆柱形内螺纹套入圆柱形外螺纹、圆柱形内螺纹套入圆锥形外螺纹及圆锥形内螺纹套入圆锥形外螺纹 3 种方式,如图 6-6 所示。其中,后两种方式的连接较紧密,是常用的连接方式。

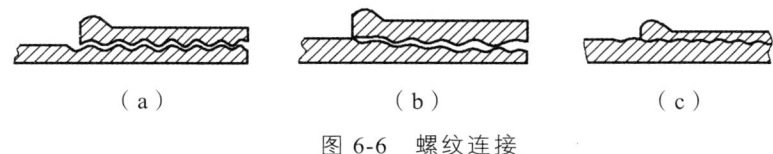

图 6-6 螺纹连接

（2）为了增加管子螺纹接口的严密性和维修时不致因螺纹锈蚀而不易拆卸，螺纹处一般要加填料。填料要既能充填空隙，又能防腐蚀。为保证接口长久严密，管子螺纹不得过松，不能用多加填充材料来防止渗漏。应注意的是填料在螺纹连接中只能用一次，若遇拆卸，应重新更换。

（3）拧紧管螺纹应选用合适的管子钳。不许采用在管子钳的手柄上加套筒的方式来拧紧管子。管螺纹拧紧后，应在管件或阀件外露出 1~2 扣螺纹（即螺纹尾）。不能将螺纹全部拧入，多余的麻丝应清理干净并做防腐处理，如图 6-7 所示。上管件时，要注意管件的位置和方向，不可倒拧。

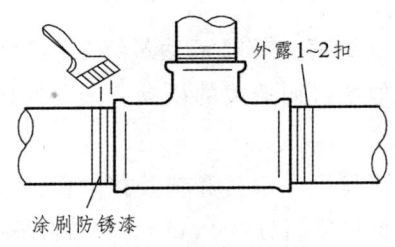

图 6-7　管螺纹紧后处理

4. 管螺纹的适用范围

（1）适用于水、煤气输送的钢管连接。

（2）通常公称直径 100 mm 以下，工作压力 1 MPa 以内。

（3）介质温度不超过 100 ℃ 的给水，工作压力不超过 0.2 MPa 的蒸汽管道。

5. 质量要求

（1）螺纹光滑规整，无断丝或缺丝。

（2）坏丝不得大于总扣数的 10%。

（3）管口呈锥体。

（4）拧紧螺纹后，尾部露出 1~2 扣为宜。

（5）活接头连接后，介质流向是公口到母口。

第四节　热力管道安装

热力管道工作时不仅受到内压、外载荷作用，还受到由于温度分布不均或膨胀受到限制而引起的热应力作用。如果这种应力受到制约，就有可能损坏管道及其附属设施。故要采取补偿措施，根据安装技术要求来保证管道系统的运行安全。

一、施工流程

热力管道安装的施工流程如图 6-8 所示。

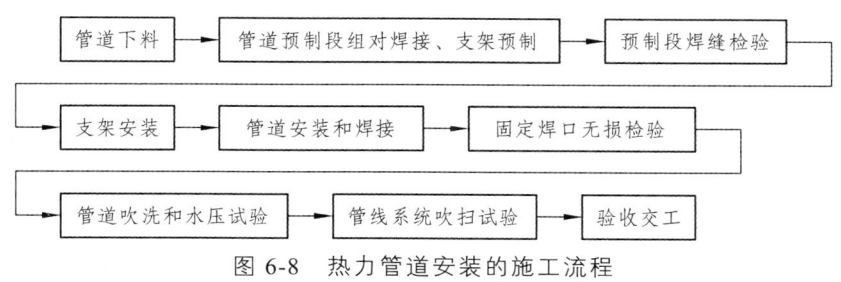

图 6-8 热力管道安装的施工流程

二、一般要求

热力管道安装时,首先按照设计图纸的要求,验收预制管段质量,仔细核对设计材料和各部位的几何尺寸,然后充分考虑预制管段预留的位置和预制段的吊装措施,热力管道上放空和放净开孔均应在地面预制时完成,管线在吊装之前应完成管道管托的焊接工作并完成管道及管托的油漆工作,预留焊口位置不刷油漆,最后核对吊管和布道顺序,先安装过门或胀力弯,后进行直管安装,待直管固定管托安装完毕再进行与胀力弯管的接口工作。

三、热力管道安装其他要求

1. 补偿器安装

热力管道一般采用 U 形或Π形补偿器(见图 6-9)吸收管道的热应力,在安装补偿器时一般应根据现场的实际情况,在地面预制成型,整体吊装。如设计要求补偿器安装时做预拉伸(压缩),则预拉伸(压缩)工作必须在膨胀节两侧的固定支架施工结束后方可进行。应将补偿器安装就位同时测量的最后一道焊口未焊接前到该焊口之间的间距,作为预拉伸(压缩)值。

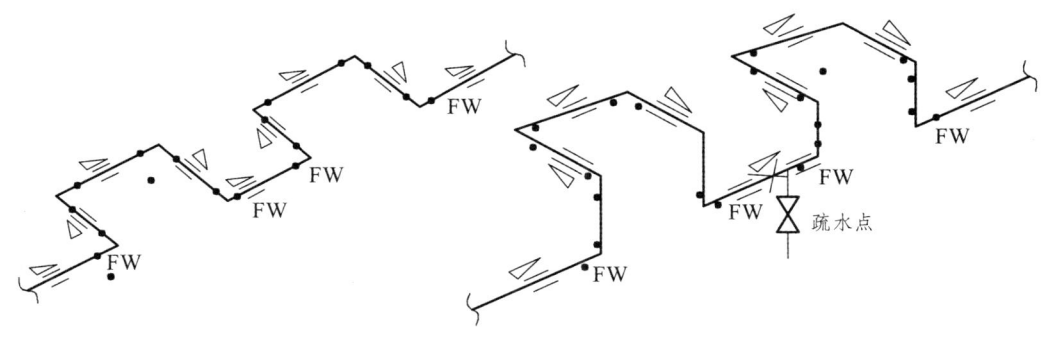

图 6-9 U 形或Π形补偿器

2. 管道坡度

蒸汽热力管道的坡度值应符合设计要求，设计无要求时，取 0.003，坡度流向管道与疏水点。热水热力管道的坡度与蒸汽热力管道的坡度要求相同，坡度流向管道放净点。

3. 疏水器安装

疏水器的安装位置应符合设计要求，设计无要求时，疏水器阀组的设置应尽量集中并采取相同的结构布置。同时，必须将不同等级的蒸汽疏水排至对应等级的凝结水系统中。

（1）疏水器阀门上的箭头，应与凝结水的流向一致，疏水器的排水管径不能小于进口管径，以免影响背压。

（2）浮桶式和钟形浮子式疏水器进口和出口位置要水平，不可倾斜安装，以免影响疏水器的排水阻汽工作。热动力式的疏水器安装方位可以任意选择，但尽量水平安装。

（3）要正确安装疏水器之前的过滤器，管路在吹扫或启用前，应关闭过滤器前的截止阀，待管路蒸汽经旁路充分吹扫后，方可使用过滤器和疏水器。

4. 减压装置安装

减压装置阀体上的箭头标志必须与介质流向一致，阀后的低压管路上安装的安全阀要固定牢靠。安全阀设置在室内的应将放空管引至室外。

5. 安全装置安装

（1）放空管、安全阀等安全设施必须按图施工，安装完成后应严格检查，做到铅封完好，安装及阀门试验记录齐全。

（2）要确保安全阀的排放点不影响其他操作点的安全性。

6. 阀门安装

安装的阀门必须经有关规范要检合格，填实充实，原盖螺栓有足够的调节余量。安装前核对阀门型号与设计要求无误，安装时法兰密封面清洁无损伤，流向标识与管路介质相同。焊接阀应在开放状态下施焊，对管网或调改调压装置的阀组安装，要求阀门手轮、手柄安装位置宜于操作。大型阀门的安装，应在固定支架安装好后进行阀门的安装，不得将阀的重力施加在管道上。

7. 支架安装

（1）弹簧支架安装。

热力管道系统的弹簧支架须经过预压缩（拉伸）合格后，在锁死状态下进行安装，并保证弹簧支架的安装高度。弹簧支架的锁紧块应到系统投用前再拆除。

弹簧支架的压缩（拉伸）可在现场制作龙门形卡具，使用液压千斤顶进行压缩，使用手动倒链进行拉伸，其数值应符设计文件的要求。

（2）其他类型支架安装。

热力管道的支架必须严格按设计提供的位置进行安装，其位置坐标误差不得大于 10 mm，标高不宜有正偏差，负偏差不得大于 10 mm。在两个膨胀节之间设置的固定支架，安装必须牢固可靠。所有的滑动支架应滑动性能良好。管道管托安装时要考虑管道在操作状态下的热位移量，一般偏向热位移值的反方向的一半。

8. 管道系统试压

水压试验之前检查待试压的管道系统，所有高点和低点应有放空和放净装置。如原设计没有，应尽早与设计方联系，并在不能排除空气的高点设置永久或临时的高点放空阀。

热力管道系统在安装结束，所有的焊口无损检验应合格，质量联合检查达到设计和质量标准后，即可按照管道设计文件或相应规范的要求进行管道水压试验。试验之前必须编制详细的管道水压试验措施并对施工人员进行技术交底。水压试验合格后由有关参检方签字认可。

9. 热力管道的吹扫

热力管道一般要求使用蒸汽进行管道系统的吹扫。当设计或业主要求进行蒸汽打靶试验时，必须按有关标准的要求进行打靶试验。与蒸汽透平等高转速设备相连的蒸汽管道的吹扫工作还应参照该设备供货厂商的文件要求进行。蒸汽吹扫时一定要注意管道系统暖管过程对管道系统稳定性的影响，事先制订出防失稳的措施和操作规程并严格按照操作规程进行操作。系统蒸汽吹扫一般不少于 3 次，吹扫蒸汽应有足够的流量，要求流速不低于工作流速，且不低于 20 m/s。

蒸汽吹扫之前的暖管阶段应及时组织施工人员对管道法兰进行热紧，管道热紧一般在热紧温度下运行 2 h 后进行，但在系统引入蒸汽后应时刻监视管道系统的运行状态，发现有泄漏的法兰应马上进行紧固，避免泄漏扩大。

蒸汽管道吹扫时应对所有的疏水器的疏水性能进行检验，保证其质量。蒸汽管道系统进行吹扫时，应将所有的疏水器前的放净阀打开，待各个放净点无大量凝结水时再关闭放净阀，使用疏水器正常投用。

10. 补充说明

（1）蒸汽管道最低点设疏水器，热水管道最高点设排气阀。

（2）水平管变径用偏心大小头，热水管顶平，以利于空气排出；蒸汽管底平，以利于排放凝结水。

（3）穿墙的管道须加套管。

（4）支管在蒸汽主管的上部以及在热水的下部接入。

（5）热补偿器的预制、安装应符合规范（方形补偿器的预拉伸量）。

（6）支架的规格尺寸、安装位置及功能应正确。

（7）两个补偿器之间必须安装一个固定支架。

（8）热水管道每隔一段距离应在管段最高点安装排气阀。

第五节　其他工业管道安装

一、制冷管道安装

制冷管道的安装要求如下：

（1）如果是空压制冷系统，水平管道坡向蒸发器。

（2）正常情况下，水平管道平直，不得出现"气囊"和"液囊"现象。

（3）管道使用耐低温优质碳钢管或锰合金钢管。

（4）如果煨制弯管的半径大，应尽量采取冷煨。若装沙子热煨，煨完后要检查管内沙子是否放净。

（5）管道安装好后，应做保冷绝热防护层。

（6）金属支架与管道之间要进行隔热防护。

二、易燃易爆介质管道安装

易燃易爆介质管道安装要求如下：

（1）主管道敷设不得通过居民区、办公区、高温区、易腐蚀区，穿越道路时加套管。

（2）安装良好的接地装置，两根管道的法兰或螺栓连接处要加跨接线。

（3）管道终点加阀门及法兰盲板，利于后续连接时不动火。

（4）煤气管道要设计防爆阀。

（5）易燃气体密封好，不得泄漏或扩散。

（6）阀门只能装在水平管。

（7）乙炔管道不得与铜、银、锌金属接触，避免发生反应生成易爆的金属碳化物。

（8）管道敷设远离电缆、热源。

（9）应采用热膨胀补偿措施。

三、强氧化性介质管道安装

强氧化性介质管道的安装要求如下：
（1）管道要有良好的接地装置，两根管道的法兰或螺栓连接处要加跨接线。
（2）管道、管件、阀门等设备必须进行严格的除尘、脱脂处理。
（3）采用专用阀门的石墨、石棉或聚四氟乙烯密封盘根。
（4）切断阀后的直管段不小于 1.5 m。
（5）氧气一般以低温液态形式输送，材质选择铜管、不锈钢或钼合金管材，管道保冷层良好。
（6）管道试压、预吹扫必须用不含油脂的压缩空气、氮气，投产前还要用氧气吹扫。

四、铜管安装技术要求

铜管安装技术要求如下：
（1）运输搬运时要小心轻放，防止碰伤。
（2）调正时，在平台上铺放垫板，用木槌或方木轻轻拍打，逐段调直。
（3）用钢锯、砂轮锯、管子割刀切割，不得用氧-乙炔火焰切割。
（4）根据焊接工艺要求，可采用手工钨极氩弧焊、手工电弧焊、氧-乙炔焊接。
（5）焊接注意事项。
① 焊接区域的氧化物应处理干净，管端打毛。
② 对接焊时加工坡口，组对间隙要大些。
③ 采用搭接形式的钎焊，搭接长度适当留长。
④ 铜的导电和导热性强，施焊前要预热，并用较大电流施焊。
⑤ 焊接时采用直流电源反极性接法。
⑥ 焊接后趁焊件在热态下，用小平锤敲打焊缝，消除热应力，使金属组织致密，改善机械性能。

五、核电站 VVP/ARE 系统管道安装

核电站 VVP/ARE 系统管道的预制安装注意事项如下：
（1）核查材料规格、型号、材质等相关信息与设计图纸相吻合。
（2）在施工现场实测放线，与图纸相符再下料。
（3）考虑焊接收缩变形、下料、加工坡口等因数，下料要留有长度余量，一般一道焊口余量 3~4 mm，即 2 根管段组对时，材料总长比实际尺寸长 3~4 mm。
（4）在车间预制时，尽可能减少误差。采取措施：使用高精度测量工具，分配技能好、工作责任心强的人员操作。

（5）预制的管道架空组对、焊接时在地上放地样，便于随时核查焊接过程中的变形。

（6）在现场安装时，通盘考虑现场焊口的组对焊接顺序，支架（含二级支架）的定位焊接变形，固定焊或点焊的要求。

六、管道工程常见的质量问题及处理措施

1. 管道堵塞

处理措施：安装时管口封堵、吹扫、清理杂物。

2. 冷冻管的"冰塞"现象

处理措施：彻底干燥管道。

3. 蒸汽管道的"水堵""水锤"现象

处理措施：管道预热暖管，设置合适的坡度和排水设施，合理布置疏水器。

4. 热水采暖管道不热

处理措施：管道末端或顶端放气、排冷水。

5. 渗　漏

处理措施：法兰紧固、更换垫片和阀门等。

6. 管道变形

处理措施：消除焊接应力、调整热力管道胀力弯的预拉伸量、合理设计支架、安装达标。

7. 其他问题

坡度超标、焊接缺陷、煨弯成品不合格、管道支架位置与设计不符等。

处理措施：严格按照设计要求施工，如现场有调整需征得设计方和业主方同意。

第六节　在线部件及其他特殊设备安装

在线部件安装一般指流量孔板、泵前过滤器、阀芯、膨胀节、金属软管、流量计、压力变送器等的配装过程。这些部件在管道系统中主要起控制、调节、监测和保障运行安全的作用。不同部件应遵循各自的安装手册要求进行安装。

一、膨胀节安装注意事项

（1）管法兰和膨胀节的表面必须干燥，没有铁锈、灰尘、油脂或其他污染物。法兰必须平整，没有影响密封性能的非正常变形（如碰撞、深划痕等）。

（2）膨胀节不能用于凸面法兰或有环状凸缘的法兰。

（3）膨胀节绝对不能扭曲，检查配对法兰相应螺栓孔对中偏差（最大偏差为3 mm）。

（4）对于较轻的部件，可以用手搬运。

（5）用尼龙吊装带吊装膨胀节。如果选用绳索或金属导索吊装，必须选用柔性物品来保护膨胀节的端部，把吊索穿过膨胀节内部，且橡胶法兰孔不能用来进行吊装。

二、泵前临时过滤器

安装顺序如下：核实安装的前提条件→检查法兰平行度→在法兰套管里装配过滤器→就位法兰套管过滤器组件→装配密封垫和紧固件（间隔120°）→密封垫对中和法兰找正→装配其他紧固件并逐次拧紧→检查密封垫均匀压缩→接头最终拧紧→法兰平行度的最终检查→螺母锁定（如需要）→完成安装报告。

三、孔板的安装

1. 安装顺序（见图6-10）

核实安装的前提条件→检查法兰平行度和同心度→安装正式孔板和两个密封垫→孔板和密封垫对中→安装其他装配螺栓→逐步拧紧装配螺栓→检查密封垫压缩情况→最终拧紧装配螺栓→法兰平行度的最终检查→螺母锁定（如需要）→完成安装报告。

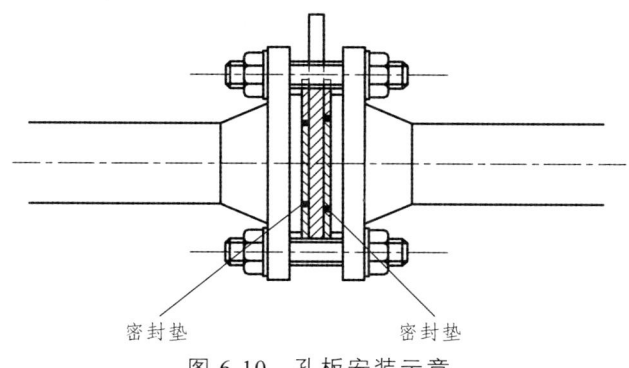

图6-10 孔板安装示意

2. 孔板装配步骤

（1）安装两个装配螺栓。

（2）插入孔板，在孔板两侧各装一个密封垫。

（3）装配第3颗装配螺栓，如果可能使3颗螺栓成120°。

（4）检查孔板与管道的同心度。

（5）装配其他螺栓。

（6）紧固螺栓。

四、金属软管安装

1. 金属软管结构

金属软管（见图6-11）主要由三部分组成，即波纹管、钢丝网套、接头。波纹管是金属软管的主体，起着密封、可挠曲的作用，钢丝网套起承压和保护的作用，接头起连接的作用，常用金属软管的结构如图6-12所示。

图 6-11 金属软管外形

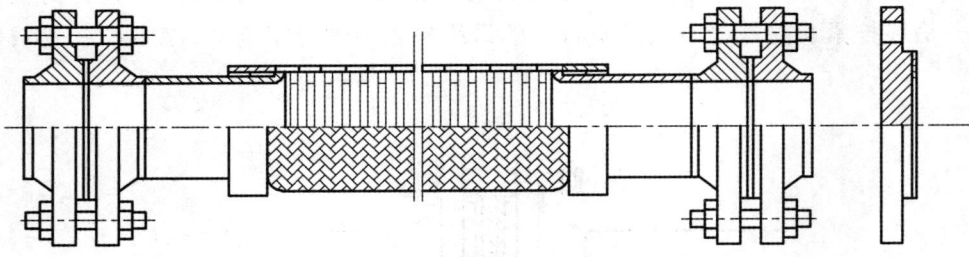

图 6-12 金属软管的结构

2. 金属软管安装步骤

（1）试装（不得强行安装）。

（2）先焊一端配对法兰。

（3）配装软管（弯曲自然，弯曲半径不小于软管最小弯曲半径）。

（4）修配管道（保证合适的安装距离）。

（5）再焊另一端配对法兰（不得扭曲）。

（6）检查是否符合要求。

3. 金属软管的安装使用原则

（1）金属软管在使用时不允许拉伸或压缩。

（2）金属软管不得扭曲安装，且轴向位移必须在软管轴线平面内。

（3）金属软管弯曲半径不得小于最小弯曲半径，且过渡自然。

五、涡轮流量计的安装

在管道上安装涡轮流量计时，需要核对以下事项。

（1）流量计上游是否清洁。

（2）法兰和接口是否一致。

（3）法兰的紧固是否对上下游的管线产生过多的影响。

（4）电气连接位置是否妥当。

（5）如图 6-13 所示，涡轮流量计既可水平安装也可垂直安装（流体自下而上流动）。其上游需有 10 倍管径的直管段并安装整流器，下游建议最好留有 5 倍管径的直管段。为保护流量计及确保计量的长期稳定性，应在整流段前加装过滤器。为防止气体注入，建议在过滤器的下游安装消气器或吹除设备。

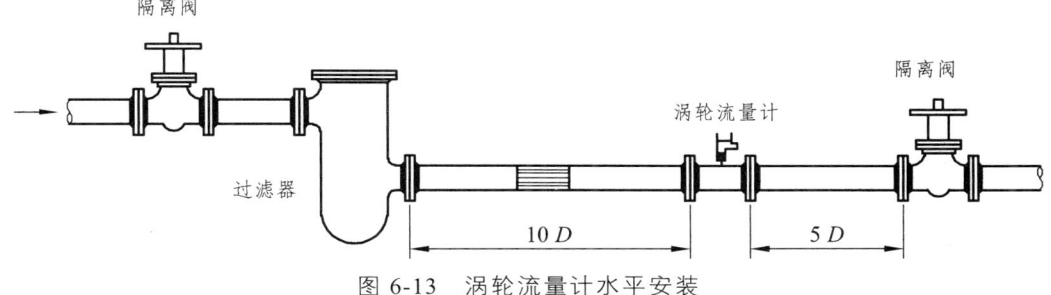

图 6-13　涡轮流量计水平安装

思考与练习

1. 管道安装施工要做哪些前期准备工作？
2. 简述管材调直和校圆的方法。
3. 管道的敷设方式有哪些？各适用于什么场合？
4. 法兰栓接的质量要求是什么？
5. 泵的配管有哪些要求？
6. 如何防止设备和管道介质产生静电？
7. 孔板流量计的安装有哪些要求？
8. 热力管道安装的注意事项有哪些？

第七章

阀门安装技术

- 第一节 阀门的基础知识
- 第二节 阀门的型号和标识
- 第三节 阀门的试压、安装、维修与操作

阀门是流体管路的控制装置，其基本功能是接通或切断管路介质，改变介质的流通状态，改变介质的流动方向，调节介质的压力和流量，保护管路设备的正常运行。

第一节　阀门的基础知识

一、阀门的分类

因阀门用途广泛和种类繁多，所以阀门的分类方法也有多种。

按通用分类阀门可分为闸阀、截止阀、节流阀、球阀、蝶阀、隔膜阀、柱塞阀、旋塞阀、止回阀、安全阀、减压阀、疏水阀、排污阀、调节阀等。

阀门还可以分为自动和驱动两大类，自动阀门是依靠管道介质压力的变化自行操纵阀门，驱动阀门是依靠手动、气动、电动、液动装置来操纵阀门。

从技术角度阀门可以按照功能用途、结构特征、材质、公称压力、公称通径、介质温度、驱动形式、密封结构、连接形式等多种分类。

二、几种常见的阀门

1. 闸　阀

闸阀（见图 7-1）主要是依靠提升闸板沿垂直中心线上下来回运动，通过闸板密封面与阀座密封面的高度光洁、平整一致、相互贴合来达到密封目的，在管路中主要起切断介质的作用。

（1）优点。

① 开闭所需外力较小。

② 介质可双向流动。

③ 形体结构简单。

（2）缺点。

① 外形尺寸和开启高度大。

② 开闭过程密封面易被擦伤。

③ 密封面易被侵蚀，密封面加工、检修难度大。

图 7-1　闸阀

2. 截止阀

截止阀（见图 7-2）的阀杆轴线与阀座密封面垂直，通过阀杆带动阀芯做升降运动，使阀芯密封面与阀座密封面紧密贴合或分开,达到截断和开启目的。

(1)优点。

① 密封面抗侵蚀性好。

② 开启高度小、摩擦力小。

③ 便于维修。

④ 可安装在水平或垂直管道上。

(2)缺点。

① 流体阻力大。

② 开闭力矩大。

③ 介质流向"低进高出"。

3. 蝶阀

图 7-2　截止阀

蝶阀(见图 7-3)是蝶板在阀体内绕固定轴旋转的阀门,碟板绕固定轴 0°~90°旋转达到启闭目的,属于角度行程。

(1)优点。

① 流体阻力小。

② 结构简单,外形尺寸小。

③ 启闭方便迅速、省力。

④ 在低压力和额定工作温度下密封性能好。

(2)缺点。

① 承压性能小。

② 耐温性能差(橡胶密封材质)。

图 7-3　蝶阀

4. 隔膜阀

隔膜阀(见图 7-4)具有良好的密封性,它通过橡胶弹性膜片连接在压缩件上,压缩件由阀杆操作上下移动,来形成通路和断路。隔膜阀特别适合用于运送有腐蚀性、有黏性的流体。

(1)优点。

① 结构简单,启闭省力。

② 流体阻力小。

③ 耐酸碱。

④ 密封性好。

图 7-4　隔膜阀

（2）缺点。

① 耐高温性差

② 膜片受压变形或老化后易失去弹性

5．球　阀

球阀（见图7-5）的关闭件是个球体，依靠旋转阀轴来带动球体绕阀轴中心线做旋转运动达到启闭的目的，也属于角度行程。球阀在管路中的作用有切断、调节、分配和改变介质流动方向等。

（1）优点。

① 流体阻力小。

② 结构简单、体积小、维修方便。

③ 操作方便，开闭迅速。

④ 适用范围广。

（2）缺点。

因为内衬四氟乙烯垫，所以不能耐高温、高压。

6．止回阀

止回阀，又称逆止阀、单向阀等，它主要依靠流体介质作用力和阀瓣自身重力驱使启闭件上下或成一定弧度旋转来达到开关的目的，它的作用是阻止介质倒流。

图7-5　球阀

（1）升降式止回阀。

升降式止回阀（见图7-6）的特点是阀瓣沿着阀轴垂直中心线作升降运动，有安装在水平或垂直管道上两种形式。

（2）旋启式止回阀。

旋启式止回阀（见图7-7）的特点是可以安装在水平、倾斜或垂直的管道上。

图7-6　升降式止回阀

图7-7　旋启式止回阀

（3）蝶式止回阀。

蝶式止回阀（见图7-8）的特点是安装在水平、垂直管道上均可，结构简单、形体小，密封性较差。

7. 调节阀

调节阀（见图7-9）主要是靠改变阀门阀瓣与阀座间的流通面积，达到调节压力、流量等参数的目的。它可以垂直安装在水平管道上。

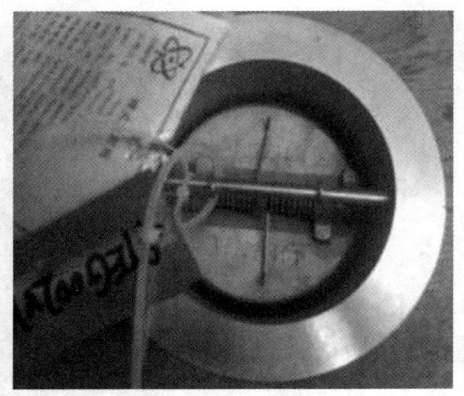

图7-8　蝶式止回阀

图7-9　调节阀

8. 一般安全阀

安全阀（见图7-10）主要起泄压保护作用，根据结构不同，可分为杠杆式、弹簧式、脉冲式（先导式）等几种类型。

安全阀是基于力的平衡而设计的，当介质工作压力超过规定值时，阀瓣自动开启，排除多余介质；当压力恢复到额定值时，又自动关闭。

图7-10　安全阀

9. 先导式安全阀（SEBIM 阀）

SEBIM 阀（见图 7-11）的作用是核电站确保反应堆主回路 RCP 系统、化容控制 RCV 系统、停堆余热导出 RRA 系统的安全。它是整个核电站超压保护最为关键的部件，通常安装在稳压器顶部的泄压管上。

SEBIM 阀由先导控制箱、脉冲管线、先导管线、隔离阀和保护阀等组成一个安全控制系统，保护系统的安全。控制柜的安装如图 7-12 所示。

图 7-11　先导式安全阀

图 7-12　控制柜的安装

10. 主蒸汽安全阀

蒸发器安全卸压阀（见图 7-13）的作用是对 VVP 系统进行超压保护。它安装在每个蒸发器的 VVP 系统蒸汽管线上，共安装 3 套安全卸压系统，每套 7 个安全卸压阀（在水平管上，垂直安装，见图 7-14）。

图 7-13　安全阀腔体

图 7-14　安全卸压阀安装部位

11. 主蒸汽隔离阀

主蒸汽隔离阀（见图 7-15）是蒸发器到汽轮机之间蒸汽管道上唯一的介质安全切断阀，它的控制精度高、价格昂贵。

图 7-15 主蒸汽隔离阀

12. 温控类阀

"温控阀"（见图 7-16）并不是阀门自身的名称，而是部分阀门密封部件件的材质遇高温易变形导致密封性失效，在焊接时需要控制焊接温度。判断阀门焊接是否需要控制温度要按照供应商 EOMM 手册的焊接技术要求执行（见图 7-17）。

图 7-16 温控阀

图 7-17 温控阀焊接温度要求

13. 阀门远传机构装置

阀门远传机构是由一系列组件构成的，通过手动、电动、气动等驱动方式远距离传动来控制阀门开闭的装置。它主要由传动座、射线塞、穿墙套管、万向联轴器、滑动件、转向器、阀门连接件、标尺等部件组成，各部件如图 7-18 至图 7-20 所示。

图 7-18 电动头

图 7-19 转向器和联轴器

阀门远转机构装置在安装过程中需要注意的事项：

（1）9N-70/72区阀门远传机构布置密集，在安装班组的阀门就位后，施工者须对照图纸，在现场仔细核查后，确定穿楼板的相对应的套管。

（2）现场有时一次配送多台阀门远传机构，开箱安装之前必须标记清楚，以免混淆。

（3）定位套管时一定不能超过图纸标注的水平垂直度。

图7-20 阀门和传动轴

（4）安装闸阀或截止阀门接口前必须对阀门进行盘车，并涂抹润滑膏，确认无卡阻现象。

（5）焊接射线塞时其几何尺寸须和位号核实清楚，避免用错。特别是涉及穿越2层楼板的同一位号远传装置，2个射线塞几何尺寸不同，放置的位置不同，不能用错。

（6）检查远传机构中联轴器上的卡簧有无丢失，卡簧未上会导致联轴器上的销钉脱落。特别是电动阀门远传，其传动轴转速快，如没卡簧固定，销钉易被甩出。

（7）有些阀门远传机构的传动轴和轴联器布置在穿墙套管内，建议螺栓连接时必须紧固好，并配齐止动垫片。

（8）有的阀门远传机构，图上标注传动轴销孔为$\phi 8$，而联轴器上的预留导向孔为$\phi 10$，实际钻孔$\phi 10$。

（9）在花键副安装时，敲击传动轴须垫木板，防止端口变形，花键穿入、拉伸没有卡涩现象。

（10）安装阀门电动装置前，要对其进行手动盘车检查。

（11）定位支撑底板时，根据现场实际可旋转方向，补充变更。

（12）转向器上的主驱动轴经过硬化工艺处理，普通钻头和台钻不易钻穿。必须购买合金钢钻头，使用车间摇臂钻床钻孔。

（13）调整管径较小的隔膜阀远传驱动机构时，注意力度不要太大，以免损坏膜头。

（14）涉及穿墙的轴联器与转向器承插配对时，可先行配装，检查孔径是否合适，避免正式安装时不合适。

（15）气动启动方式的装置，检查气动头与驱动轴方锥是否配套吻合，如不配套需加套筒方锥。电动启动方式的装置，检查电动头与驱动轴法兰之间是否需要加装金属滑动环。

第二节　阀门的型号和标识

一、阀门的型号

阀门的型号由阀门类型、驱动及连接形式、结构形式、阀座密封面或衬里材质、公称压力和阀体材料等要素组成。如阀门铭牌 Z944T-10：Z——闸阀；9——电动；4——正齿轮传动；4——法兰连接；T——密封面材质为铜合金；10——公称压力为 1 MPa。

二、核电站阀门的标识

1. 阀门的功能号

阀门的功能号又称功能位置码或 ID 码，它确定了该阀门的工艺功能，即在工艺流程中的作用和管线布置中的确切位置。每个阀门的功能码是唯一的，它由几组数字和字母组成。例如，1 RRA 001 VP、2 SEC 021 VSP、9 JPD 001 VZ。

第一部分：数字代表机组编号（如 1、2、9），1 为一号机组，2 为二号机组，9 为公用厂房。

第二部分：3 个字母，系统标识码（如 RRA）。

第三部分：3 个阿拉伯数字，系统内部序号（如 001）。

第四部分：2 个或 3 个字母，设备类型（如 VP/VSP）。

2. 阀门的 RIN 码

核电站各类型的阀门都要遵守同一个标识和辨认标准，这就是"国标标识符号"（National Identification Mark），也称其为 RIN。

RIN 反映了阀门的机械特性，相同 RIN 号的阀门是同一种阀门（例如，SJUSWB 0025 FG），并且只有 RIN 码相同的阀门才能相互替代，当然在核电站还要遵循 LRCM 相同才可以互换。RIN 描述了阀门的类型、阀体材料、压力级别、阀座阀芯的材质、连接形式、RCCM 等级、阀门口径、驱动形式等信息。RIN 通过钢印或振动笔打在阀门本体的铭牌上，有时也会铸造在阀体上。通过 RIN 可以了解阀门的类型和结构特征，如 SJUSWB 0025 FG。

SJUSWB 为第一组，其中 S 为截止阀，J 为不锈钢材质，U 为 1 500 磅，S 为硬质合金，W 为插套焊连接，B 为 RCC-M 2 级。

0025 为第二组，表示公称直径 DN25。

FG 为第三组，F 为失气后阀门自动关闭，G 为带有限位开关的阀门。

第三节 阀门的试压、安装、维修与操作

一、阀门的试压

阀门试压流程如下:
(1) 检查外观、阀门开启是否灵活。
(2) 阀门放正,流向朝上,油缸顶紧。
(3) 气密性试验:阀门关闭→油缸顶紧→设定压力值→打开下进水阀(排空阀打开,流水时关闭)→低压泵启动(等压力值上升至设置值时关闭)→关闭下进水阀→保压 2 min(检查压力表示数是否降低,阀门本体有无泄漏)→泄压(打开放水→打开排气阀→油缸放松)。
(4) 强度实验:开启阀门行程一半→打开下进水阀(排空阀打开,流水时关闭)→设定压力值→启动低压泵(等排空阀关闭)→关闭低压水泵(启动高压水泵)→关闭下进水阀→保压 2 min(检查压力表示数是否降低,阀门本体有无泄漏)→泄压(打开放水→打开排气阀→油缸放松)。
(5) 试压记录的填写。
① 工程名字。
② 阀门信息,包括位号、规格、试压介质、严密性试压(1.25 倍工作压力,需记录压力和时间)、强度试验(1.5 倍工作压力,需记录压力和时间)。

二、阀门安装

1. 总体要求

(1) 阀门安装实施必须按照相关程序或上游技术文件执行。
(2) 必须开启相应的质量计划或焊接控制单或任务单跟踪。
(3) 根据等轴图和质量跟踪文件,确认阀门铭牌或标识牌信息是否正确。
(4) 确认安装的阀门是否存在缺陷(损坏或裂纹等)。
(5) 确认阀门是否已经锁定在安装位置(阀门分队会挂牌提示)。
(6) 确认要安装的阀门是否是温控阀(阀门分队会挂温控阀警示牌)。
(7) 根据等轴图、阀门图纸、阀体上的流向标识,确定阀门流向。
(8) 根据等轴图和阀门安装程序确定阀门的安装方位,必须考虑阀门标识牌和仪表的可视性及阀门的操作及维修空间。
(9) 检查阀门和管道的清洁度,清理杂物。
(10) 规范地对阀门进行吊装和落位。
(11) 按技术要求执行阀门与管道的连接(焊接、法兰栓接)。

2. 具体要求

（1）接收时的检查。

① 选用的阀门规格、型号、位号与设计图纸相吻合。

② 检查阀门外观是否存在缺陷，法兰密封面是否有划痕，阀门附件是否完整，阀门无损坏，质量满足使用要求。

③ 安装前对阀门进行强度（1.5倍工作压力）和严密性（1.1倍工作压力）实验，合格后方可使用。

④ 安装前对阀门开启盘车，检查灵活性、密闭性。

（2）阀门的安装流向。

① 等轴图管线标有介质流向，阀门流向与管道介质流向必须一致。有的阀门有流向标识，有的阀门没有流向标识，定位前必须查看阀体流向。当阀体上没有标识阀门流向的时候，需和阀门分队技术人员联系，确认阀门流向。大多数阀门的阀体上都标有流向，如截止阀、止回阀等都是单向，低进高出；球阀、蝶阀、闸阀等大部分是双向的。

② 单向箭头"——▶"表示介质只能沿箭头方向通过阀门。

③ 双向箭头"◀——▶"表示介质沿两个方向通过阀门均可，没有进出口的区别。

④ 如果发现阀体上流向标识与阀门图纸上不一致，则需要开NCR。

⑤ 如果阀体上无流向标识，首先查看图纸和EOMM，如可查出阀门流向，则同上打开。

⑥ NCR；如都未给出流向要求，则通过CR澄清。

（3）阀门的安装方位（阀门本体）。

阀门安装方位是指在现场安装过程中，阀门、驱动机构、手轮手柄可以允许的安装位置。为了防止阀门安装方位错误，阀门安装定位时除需要参考等轴图和平面图执外，重要的是还需遵照根据供应商EOMM手册编制的"核岛阀门安装方位和安装开启度"的程序（PT-B1505）执行，该程序给出了每一类阀门允许安装的方位。

由于管道安装先于阀门安装，有些带有气动或电动驱动机构的阀门，在进行安装的时候，如果所在房间的管线比较多，或阀门所属的管道距离墙或天花板比较近，或所处的空间的比较狭小，就可能导致阀门因驱动机构的体积庞大而不能满足吊装、安装、维修及拆卸的相关要求。因此，在阀门安装定位时，必须同时考虑阀门的吊装空间、安装空间及维修空间，对于确实满足不了的必须打开澄清，依据澄清要求执行。

（4）阀门定位的一般原则如下：

① 必须考虑操作、维修、阀门附件安装及仪表可视的空间。

② 管道的介质流向与阀门的流向必须保持一致。

③ 管道平面图和等轴图中给定了阀门布置方向的，因为阀门远程控制机构、仪器仪表监测、专用吊装机具都是以平面图和等轴图为依据进行接口设计和安装的，所以要在保证现场阀门操作、维修方便的前提下尽量按照图纸要求安装。

④ 如果按照图纸方向定位无法满足操作和维修空间，则必须控制调整阀门的安装方位。

⑤ 阀门安装必须在安装程序（PT-B1502）允许的范围内，否则需开出澄清。
⑥ 如果安装程序（PT-B1502）要求与等轴图的方位要求相冲突，则需开出澄清。
⑦ 手轮/手柄的定位必须遵循以下原则：
a. 手柄（手轮）的定位不能影响整个阀门的安装定位。
b. 满足供应商提供的手轮（手柄）方向定位要求。
c. 满足等轴图给定的方位。
d. 满足操作和检修要求。
e. 考虑周围支架或管道交叉时的阻碍。
⑧ 焊接阀门时，地线不能连接阀体，应连接到阀体焊接侧的管段上（电流不过阀体）。
⑨ 焊接阀门时，阀门应在打开状态（30%~80%）；栓接和螺纹连接的阀门，呈关闭状态。
⑩ 温控阀门焊接时，须贴温控标签，控制层间温度，不得超过110 ℃。
⑪ 阀门驱动机构是可以灵活转向的，若阀门驱动机构因周围支架或管道阻碍而影响整个阀门的正确定位，阀门分队应根据现场实际情况对阀门的驱动机构进行转向，重新定位。

三、阀门的维修

1. 保管维护

阀门保管维护的目的是不让阀门在保管中损坏或降低使用质量。
（1）阀门按区域存放在货架上。
（2）封堵阀门进出口。
（3）大型或精密阀门要进行包裹隔离。
（4）仓库环境干燥、通风。

2. 使用维护

阀门使用维护的目的是延长阀门的使用寿命及保证启闭可靠。
（1）对阀杆螺纹添加润滑剂，定期转动手轮。
（2）对室外阀门的阀杆加保护套。
（3）对阀门的机械传动部分的变速箱加润滑油。
（4）保持阀门清洁。

3. 阀芯的拆卸与回装

（1）拆除阀门大盖前做好记号。
（2）密封面不得损坏。
（3）阀芯复原时与阀门本体位号对应一致。

（4）阀芯不得装反（特别是升降式锥形阀芯）。
（5）螺栓对角力矩扳手紧固。

四、阀门的操作

1. 手动阀门的开闭

（1）操作前熟悉阀门使用手册。
（2）手动阀门的启闭用力平稳。
（3）当阀门全开时，应将手轮倒转少许。
（4）如发现启闭费力，应分析原因，再进行下一步操作。

2. 电动或液压阀门的开闭

（1）检查行程开关的触控点的位置。
（2）通电前手动盘车。
（3）传动杆涂抹润滑油。
（4）检查液压缸的密封性。
（5）调整液压缸的进油阀门。

3. 注意事项

（1）天气寒冷时，随时排除阀门或管道内的凝结水。
（2）非金属阀门的强度和硬度较低，不能力度过大。
（3）新阀的填料不要压得太紧，以免阀杆受压太大。

五、阀门的成品保护

（1）定期检查维护，重要阀门有检查记录。
（2）阀门在库房里分区有序存放在货架上，库房防潮处理。
（3）拆除的阀芯包裹好且必须挂上标志牌。
（4）现场已安装的阀门要用篷布或塑料布包裹。
（5）阀门铭牌标识清晰、准确。

> 思考与练习

1. 简述阀门的定义及其功能。
2. 阀门按驱动方式分哪几种？
3. 列举几种常用阀门的名称（列举5种）。
4. 阀门安装有哪些规定？
5. 为什么温控阀门要控制焊接温度？

第八章

管道符合性检查、内部清洁与压力试验

- 第一节 管道符合性检查
- 第二节 管道内部清洁
- 第三节 压力试验
- 第四节 管道防腐涂装与保温隔热施工
- 第五节 管道表面色与标识

第一节　管道符合性检查

一、管道符合性检查的定义

管道符合性检查是在对管道压力试验回路试压前,应对管道及支吊架安装质量实施的一次全面检查验证活动。

二、管道符合性检查的目的

管道符合性检查的目的是检查管道及其支架安装是否符合安装程序和图纸的要求。

三、检查内容

（1）安装的正确性。
（2）支吊架的完整性。
（3）支架的功能性。

四、符合性检查步骤

（1）管道符合性检查申请已经批准。
（2）通知质检、监理进行现场核查。
（3）准备好相关图纸、技术文件、工机具,检查环境满足条件。
（4）主要检查安装的正确性,支吊架的完整性和功能性。
（5）对照文件、图纸进行实物检查。
（6）资料记录。
（7）签字确认。

第二节　管道内部清洁

一、管道内部清洁的先决条件

（1）管道符合性检查已结束。
（2）在线部件已拆除。
（3）临时管线已连接。

（4）编制方案已通过审核。
（5）人员已培训合格，满足上岗要求。
（6）机具、材料已准备好。

二、管道的吹扫、冲洗一般原则

（1）使用洁净的压缩空气、冲洗水。
（2）管线支架固定。
（3）吹扫、冲洗口警戒隔离。
（4）吹扫、冲洗的顺序：先主管，后支管；先大管，后小管；分区分段吹扫。

三、管道内部的清洁方法

1. 压缩空气吹扫

（1）适用于输送气体介质或空气的管道（这些管道永不充水）。
（2）使用无油干燥的压缩空气进行吹扫（见图 8-1）。
（3）最大压力 400 kPa，逐个打开阀门，对管道进行吹扫。
（4）吹扫范围内的管道已安装完毕且已 RT 合格。
（5）不允许吹扫的管道附件已用模拟件代替，如孔板、调节阀、节流阀、止回阀、过滤器、喷嘴、仪表等。
（6）管道的吹扫口警戒隔离（见图 8-2）。

图 8-1 压缩空气吹扫

图 8-2 警戒隔离

2. 高压水冲洗

（1）输送液体的系统用洁净水冲洗。
（2）利用在线泵进行动力开式冲洗。
（3）系统内的容器、箱罐等在出厂时已经达到了清洁度要求的，在管道冲洗时，必须对这些设备实施隔离。
（4）系统冲洗合格后应及时进行系统临时部件复原。
（5）管道系统冲洗试压合格后，如系统设备在较长时间内不会使用，应对设备进行湿保养或干保养。

3. 重力水冲洗

（1）适用于直径不大于3″的不锈钢管道和所有碳钢管道的内部清洁。
（2）用流动的A级软化水通过管道系统进行冲洗。
（3）冲洗管道不得与相关设备连接。
（4）先在管内注满洁净水，靠水的重力将水依次由冲洗管内的各个低位排水口排出。

四、清洁度检查要求

1. 碳钢管道

检查标准。
（1）目视检查：白布外观应是湿润的，大量的锈蚀沉淀物可接收。
（2）冲洗检查：不允许有能明显观察到的有机颗粒或异常外来物（油、磨料等）。

2. 不锈钢管道

检查标准。
（1）目视检查：白布外观应是清洁、湿润的，仅有少量污物存在（泥、铁锈）。
（2）白布检查：不允许有能明显观察到的有机颗粒或异常外来物（油、磨料等）。

第三节　压力试验

一、目　的

对已安装的管路系统进行气密性、强度试验，来检查系统及各连接部位的工程质量。

二、先决条件

（1）管道系统安装完毕且通过符合性检查。
（2）焊缝有损或无损检测合格。
（3）遗留尾项记录备案。
（4）技术文件是最新版，且有试压方案。
（5）施工人员培训合格。

（6）工机具、器具、仪表合格，所需辅材已具备。

（7）为防止损坏不宜试压的设备，需用临时管替代。管线须有高点放气、低点排水设施。

三、试压流程

核岛辅助管道中，管道压力试验的类型有水压试验和气压试验。一般顺序为吹扫→冲洗→试压（气压、水压）→竣工验收。

1. 水压试验

（1）适用范围。

水压试验适用于除 EM2 的一回路主管道和仪表管道外的所有级别的设备和管道。核电站核岛辅助管道中，压力试验是在系统调试前，对所有管道系统（管道和焊缝）包括阀门（安全阀除外）等进行全面的强度试验。除对输送气体的（主要指压缩空气和氮气）管线进行气压试验外，其他所有的不锈钢管道和碳钢管道均需进行水压试验（除非试验流程图 TFD 中另有说明）。

（2）水压试验的有关规定及技术要求。

① 先决条件。

水压试验前必须编制质保数据包（QADP），质保数据包的所有文件需经业主检查确认，满足条件后才可以进行。

水压试验必须有一个 VFT（可进行试验的有效状态）的试验流程图 TFD。压力试验的各种信息将由 TFD 文件提供，包括等轴图图号，支架图号的管线详细清单（VFT 状态）、试验压力，周围环境温度，试验流体类型，充水（气）、排气、加压（泵）、排水（卸压）、连接压力表（见图 8-3）、连接温度指示器（如需要）、连接安全装置（安全阀）、在试压泵出口的控制阀后设置的临时系统装置（见图 8-4）、临时盲板设施（及其规格）、阀门状况（包括开启或关闭细节）等各项接口和支管的位置。

图 8-3 已安装好的压力表

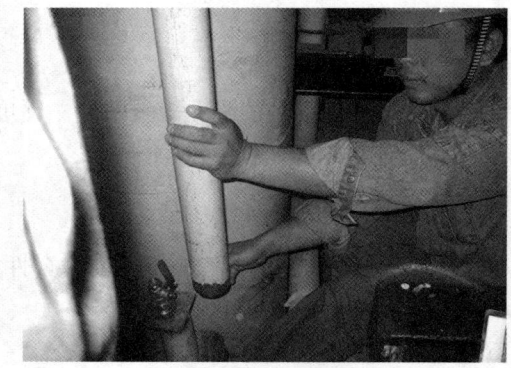

图 8-4 试压前临时阀门的安装

待试验管道系统必须已基本安装完工并已提交满足合同要求的无损检验结果，所有必需的完工操作（表面光洁度、清洁度、标记等）也已完成。

需检查试验设备和消耗品的可用性与良好状况，所有设备和消耗材料必须齐备且处于良好的操作状态。特别要对试验用的监测仪器和控制指示仪器的标定有效期进行认真检查。

当以上条件具备时，水压试验必须事先得到业主的批准，方可进行。水压试验日期和时间须征得业主以及受命的现场安全组织（如果需要）的同意。试压前按 TFD 要求调整阀门的开/关状态，安装临时设施，然后向系统充水。系统水压试验用水由业主提供，业主提供的水质检验报告应附在试验报告上（据 RCCM F6600）。

② 预先规定（通用规定）。

a. 水压试验时，所有要检查的表面应该清洁，不允许有任何影响检查质量的物质。

b. 设备或试压回路上部要考虑排气的可能性，下部要考虑疏水的措施。

c. 待试验的回路周围应畅通，并准备一些有助于全面检查外表面的脚手架、跳板等。

d. 膨胀节及波纹软管不必做试验，且必须采取相应的措施隔开。

e. 在回路系统试验时，止回阀门应予以旁通，安全阀与系统隔开，喷淋系统做水压试验时，喷头应堵上。

③ 安全规定。

试验前，设置好确保操作人员和其他人员安全的一切必要措施，特别是在试验区域设置安全警示设施（见图 8-5 和图 8-6），试压区域禁止无关人员进入。

图 8-5　安全警示（一）

图 8-6　安全警示（二）

④ 试验用水温度。

试验用水温度应与设备材料的力学性能相匹配，对于铁素体钢制造的设备或管道要采取避免脆性断裂危险的必要预防措施。

在任何情况下，水温要足够高，以保证进行水压试验设备和管道无结冰的危险。

⑤ 升压及升压速度。

a. 只有在设备的温度稳定后方能升压。

b. 无特殊要求时升压速度应不超过 1 MPa/min（10 bar/min），如图 8-7 所示。

c. 在达到试验压力的 95% 时，维持一段时间以使压力平稳，如图 8-8 所示。随后，继续加压，直至试验系统最高点处达到试验压力，压力维持时间应足够保证承包商 QC（两级）和业主进行联合检查。

d. 当设计技术规格书规定要测量变形时，要有一些中间压力保持时间，各个中间压力保持时间应与部件或回路检查相适应。

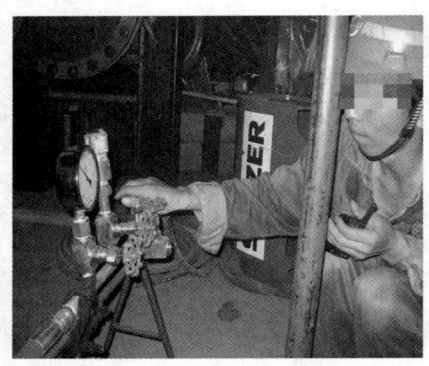 

图 8-7　试压过程中进行升压　　　　图 8-8　试压过程中进行稳压

⑥ 环境温度。

水压试验必须在大于水冻结温度 4 ℃ 以上的条件下进行。

⑦ 水压试验压力及保持时间。

a. 管道回路试验压力不应低于运行中最高压力的 1.5 倍，最低设计压力的 1.1 倍；

b. 压力至少保持满足对试验系统进行全面检查所需的时间。

⑧ 水压试验后管道的湿保养。

水压试验后，系统 ASG、RRI、DEG、DEL 中的水降压至湿保养压力后保留，并加以适当的警告标记进行湿保养（见图 8-9 和图 8-10），直到相关的子系统（也就是部分 EESR）的最后一个水压试验回路已完成。

图 8-9　RRI 系统湿保养管道（一）　　　　图 8-10　RRI 系统湿保养管道（二）

⑨ 验收准则。

a. 管道的外壁和焊缝处无泄漏。

b. 有轻微泄漏，但不影响试验压力的保持（加水或不加水）。

c. 如果管道无明显永久变形，就可接受。

d. 在整个试验压力维持时间内，压力表读数必须保持恒定。

2. 气密性试验

（1）适用范围。

气密性试验适用于除 EM2 的一回路主管道和仪表管道外的所有级别的设备和管道。核电站核岛辅助管道中，对于输送气体的（主要指压缩空气和氮气）管线需进行气密性试验。

（2）技术要求。

① 若试验压力大于 400 kPa，从设备的安全考虑，应禁止使用气，在此情况下，管道可以用水压试验代替气密性试验。

② 如果泄漏实验用涂肥皂水进行检测，压力不得超过 300 kPa。

③ 不能使用易燃或有害气体进行试验。

④ 试验压力。

a. 气体试验压力要不低于组成回路系统的各设备最低设计压力的 1.25 倍。

b. 气压试验的压力在任何时间都必须低于 400 kPa。

⑤ 加压要求。

进行试验的设备压力逐渐升至不超过试验压力的一半，然后以大约 1/10 的试验压力进行分步升压，直到升至规定的试验压力，保持试验压力不少于 10 min。之后，压力要降至 a. 规定的设计压力，b. 试验压力的 3/4 中的大者，并保持足够的时间，以便检查设备的密封性。

（3）验收准则。

① 试验压力稳定状态下的目检。

沿管道和系统装置及管道系统的焊缝均无泄漏时才可验收。如阀门垫片处稍有泄漏但不影响气压试验的有效性，可以接受。

② 保持试验压力的监测。

在整个试验压力保持过程中，压力表读数必须保持恒定，但是，超过预定时间后略有波动（30 min 的压力降小于 1%），如果证明压力降是由于临时垫片处有泄漏造成的（不允许永久性密封垫处有任何泄漏），则不影响试验的有效性。

③ 肥皂水试验。

将肥皂水涂在焊缝处后（见图 8-11），若出现气泡，说明有泄漏（在焊缝处不得有泄漏存在），如已查明泄漏是在阀门填料处或密封垫片处，则应对此处进行拧紧，或增大紧固力矩（紧固力矩值在原值基础上增加10%），以消除泄漏。

图 8-11　用肥皂水进行焊缝检查

第四节　管道防腐涂装与保温隔热施工

一、管道防腐涂装

1. 防腐的目的

金属管道敷设于空气或土壤中，由于化学、生物和电化学作用，而使金属管道的外表面和内壁不断地被腐蚀破坏，为减少和避免这种金属腐蚀，增加金属使用寿命，应采取相应的防腐措施。

2. 涂装工艺流程

施工准备→表面去污除锈→调配涂料→刷漆或喷漆（底漆、中间漆、面漆）→养护→检验→交付使用。

3. 去污除锈的方法

（1）金属表面去污除锈方法有人工除锈、机械除锈、喷砂除锈。

（2）化学除锈方法有酸洗、钝化、清洗、干燥。

4. 施工准备

（1）材料：涂料、稀释剂、固化剂。

（2）工机具：砂布、刷子、空压机、喷枪、防护用品、消防设施。

5．油漆涂刷施工方法

（1）手工涂刷。
（2）浸涂。
（3）喷涂法。

6．防腐涂装的相关技术要求

（1）环境要求：进行防腐涂装时温度、湿度应满足要求，不得在环境恶劣的室外施工。
（2）防腐设备已通过相关的压力试验（若需要）。
（3）金属表面处理已合格。
（4）仔细阅读并知晓涂料的使用说明书（混合比例、涂装厚度、涂装间隔等）。
（5）在第一遍漆膜完全干透后才可涂刷第二遍（慢干）。
（6）涂层的缺陷及修改方法参阅涂料使用说明。

二、管道保温与隔热

1．保温隔热的目的

保温隔热可以防止管道或设备内的介质热量或冷量损失以节约能量。

2．保温设计的基本原则

保温设计应符合减少散热损失，节约能源，满足工艺要求，保持生产能力，提高经济效益，改善工作环境，防止烫伤等基本原则。

3．管道的绝热层结构

管道的绝热层包括绝热层、防潮层、保护层。

4．常用的保温隔热材料

（1）常用的保温材料有软木、沥青膨胀珍珠岩、沥青膨胀蛭石、玻璃棉毡等。
（2）常用的隔热材料有岩棉、耐高温玻璃棉、硅酸铝、微孔硅酸钙等。

5．保温与隔热的相关技术要求

（1）管道需在防腐涂装且试压合格后，方可进行保温隔热施工，若需先做保温层，必须把焊口留出，待试压合格后才进行后续工作。
（2）当保温层厚度大于 100 m，且为多层保温时，应该分层保温，同层缝应错开压实。
（3）水平管道的外金属保护层的纵向接缝位置，不得布置在管道垂直中心线 45°范围内。
（4）水平管道的外保护层应上层盖下层（防止雨水漏入保温层）。

三、HSE 注意事项

（1）施工人员通过质保、安全培训合格后方能上岗。
（2）施工前进行相关技术交底。
（3）个人劳保及防护用品应准备到位。
（4）施工环境应通风良好，防止中毒。
（5）油漆存放地应通风良好，远离火源，消防设施配备齐全。
（6）在施工场所油漆量不能存放过多。
（7）缝扎矿渣棉时，对面二人错开站立。
（8）系统运行后，要穿戴好防护用品，才能接触裸露的管道或设备，防止烫伤或冻伤。
（9）正确安全使用工机具。
（10）严格遵守安全施工规定。
（11）妥善保护成品。

第五节　管道表面色与标识

一、管道表面色与标识的目的

为了加强生产管理、方便操作及检修、促进安全生产、美化厂容，生产企业的管道外表面都要涂刷表面色和标识。可以通过表面色、色环和符号识别管道中介质的类型、特性、状态和流动方向。

二、标识前提

（1）管道系统符合性检查完毕。
（2）不锈钢管道酸洗完工。
（3）碳钢管油漆防腐结束，保温、保冷工序完工。

三、管道基本识别色的选用原则

（1）美观、雅静、色彩协调、色差不宜过大。
（2）使用比较容易记忆的颜色。
（3）尽可能采用人们习惯的颜色。

（4）对危险管道、消防管道，应采用容易引起注意的红色。
（5）同一系统管道颜色统一。

四、标识内容

（1）背景色：识别输送介质类型（水、蒸汽和空气）。
（2）识别色：介质的特性（软水、饮用水和自来水）。
（3）状态色：介质状态（热、冷、液化气）。
（4）电离辐射标识（见图8-12）。
（5）介质流动方向（见图8-13）。

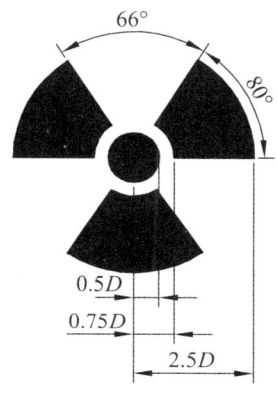

图 8-12　电离辐射标识

图 8-13　介质流动方向

思考与练习

1. 简述管道试压的安全注意事项。
2. 简述水压试验的先决条件。
3. 简述管道试压的步骤。
4. 简述防腐涂装的相关技术要求。

第九章

管道工程施工管理

- 第一节 安全施工基本要求
- 第二节 管道施工安全技术
- 第三节 安全文明施工管理
- 第四节 质量跟踪文件
- 第五节 班组标准化建设
- 第六节 班组施工管理

安全技术是研究生产过程中不安全因素的危害及其控制办法的一门学科。简单地说，安全技术是为了防止工伤事故、减轻劳动强度与创造良好的劳动条件而采取的技术措施与组织措施。

管道施工中必须认真贯彻执行安全技术规则，人人重视安全工作，安全第一，预防为主，防止各类事故的发生。

第一节　安全施工基本要求

一、安全教育的方法

安全教育的方法多种多样，主要包括对新进场员工的三级安全教育，特种作业人员的岗位培训，经常性的安全教育，安全意识的宣传教育，复工人员的安全教育，违章者的安全教育等。

二、安全施工的基本要求

（1）持证进出现场，主动配合安保人员检查，与施工无关人员一律不准进入施工现场。

（2）进入现场/车间必须要穿戴好个人安全防护用品。

（3）特种作业人员如起重工、焊工等必须要在资格认证范围内作业，严禁非特种作业人员从事特种作业。

（4）现场人员应维持现场的安全，维护好卫生设施、设备器材，并对其因违章而造成的损坏负责；未经批准，任何人不得任意拆除、移动安全防护设备、设施，安全装置和安全禁止、警告、指令、提示等标识。

（5）不得擅自进入其他工作人员建立的工作区域，如吊装区域、动火区域；禁止开动和触动与自己工作无关的设施、设备。

（6）作业区域必须有足够的光线照明。

（7）发生安全事故后，必须立即向上级主管领导和安全工程师报告，并协助调查事故发生的原因，按照"四不放过"的原则处理安全事故，并制订安全防范措施。

第二节　管道施工安全技术

一、机具操作安全技术

（1）使用的电动工具必须有经专门检查/试验合格的标签，安全工程师定期对在现场使用的电动工具进行检查，杜绝使用不合格不安全的电动工具。

（2）用电设施/设备有漏电保护装置，必须确保所使用的电动工具的保护接地或接零正常，确保工具处于可正常使用的状态，严禁工具带"病"作业；禁止带电作业、维修，检修必须验电、检查接地。

（3）所有电动工具电源插头必须防水，电源线无破损、无接头，工具电源线无裸露；作业前应检查工具、插头、插座有无破损，若有，则不能使用；电源线严禁浸泡在水中。

（4）非专业电工不得打开配电箱、开关箱，出现故障要联系该配电箱、开关箱负责人处理；漏电保护跳闸后，必须检查原因，不得强行送电。

（5）使用电动工具时，要佩戴与之相适应的安全防护用品，如切割打磨作业要佩戴切割防护面罩；注意使用环境，如在潮湿环境中作业时，要进行防潮并要佩带绝缘安全保护用品；按照正确方式使用工具。

（6）移动用电设备工作停顿（15 min）或完工，应断开电源；手持照明灯具使用24 V以下的电源供电；在潮湿和金属容器内作业使用的照明电压不得超过 12 V。

二、高空作业安全技术

（1）从事高空作业的人员，在作业前进行身体检查，凡患有高血压、心脏病、贫血病、癫痫病以及其他不适于高空作业的，不得从事高空作业。

（2）攀爬时，双手不拿任何物品；高处作业的平台、走道、斜道等要装设防护栏杆（高 1.1 m，在 50~60 cm 处设横杆）或设防护立网；在稳固挂点上系安全带，且高挂低用；使用绳索传递物品，不抛掷。

（3）高处作业中所用的物料，均应堆放平稳，不妨碍通行和装卸；工具应随手放入工具袋；作业中的走道、通道板和登高用具，应随时清扫干净；拆卸下的物件及余料、废料，均应及时清理运走，不得任意乱放或向下丢弃。

（4）对进行高处作业的高层建筑物，应事先设置避雷设施，遇有六级及以上强风、浓雾等恶劣天气，不得进行露天攀登与悬空高处作业。台风、暴雨后，应对高处作业安全设施逐一检查，发现有松动变形、损坏或脱落等现象，应立即修理完善。

（5）相对高差 2 m 的作业即为高空作业。

（6）特高空施工作业需开具作业许可票。

三、管道动火作业安全技术

（1）在作业之前，开取动火作业票。

（2）在作业之前，应先检查周围环境有无易燃、易爆物品等，以免发生火灾和爆炸事故。

（3）在作业之前，必须详细检查乙炔瓶、氧气瓶气压表、焊炬或割炬开关、气带等，这些设备必须处于正常的状态下方能进行操作。

（4）乙炔瓶与氧气瓶的放置，必须距离工作场所10 m以外，乙炔瓶与氧气瓶互相距离在5 m以外，并要避开高温、烟火、油脂物及高压线等以防止发生火灾和爆炸事故。

（5）两人以上同时在一处进行施焊时，使用的气体胶皮软管不可混在一起。高空作业时，乙炔瓶和氧气瓶不许放在垂直方向，并要检查下方有无易燃、易爆物品，防止火花落下发生火灾和爆炸事故。

（6）为了防止氧气瓶或乙炔瓶爆炸，严禁手上及工具带有油脂接触气瓶，气瓶应始终保持清洁。如发现氧气瓶、乙炔瓶嘴或调节器等部位有油或油脂，即使数量很少，也应立即停止工作。

（7）切割打磨需用防火挡板隔离。

四、密闭空间、窒息场所作业安全技术

（1）窒息环境和密闭场所应以实体围栏或警示带划定警戒区域，并有专人进行警戒，在醒目位置挂警示标识。

（2）作业前，开具"密闭空间作业票"。

（3）作业前，应测氧浓度，作业中应持续监测。

（4）所有的人孔、出入口、料孔等处于打开状态进行自然通风，如果自然通风达不到要求，增设机械通风方式，往作业场所鼓入新鲜空气。

（5）照明电压必须小于或等于24 V，在特别潮湿、狭小的环境内应小于等于12 V。

（6）应设置作业监护和作业清点制度，配备就地通信和应急呼吸器。

五、管道试压及吹扫安全技术

（1）管道试压前，应检查管道与支架的紧固性和盲板的牢固性，不使用时应采取临时加固措施，确认无问题后才能进行试压。

（2）试验压力必须按照设计要求进行，不得随意增减。管道试压时，应划定危险区域并安排专人警戒，禁止无关人员进入。

（3）升压或降压都应缓慢进行，如有泄漏，禁止带压修理。

（4）管道吹扫的排气点应接至室外安全地点，支撑应牢固。

第三节 安全文明施工管理

一、个人劳保用品的正确使用

（1）进入工业厂房、户外作业现场的人员，必须穿戴基本防护用品：安全帽、劳动防护服（连体服或分体工作服）、安全鞋（反例见图9-1和图9-2）。

图9-1 不戴安全帽、不穿安全鞋

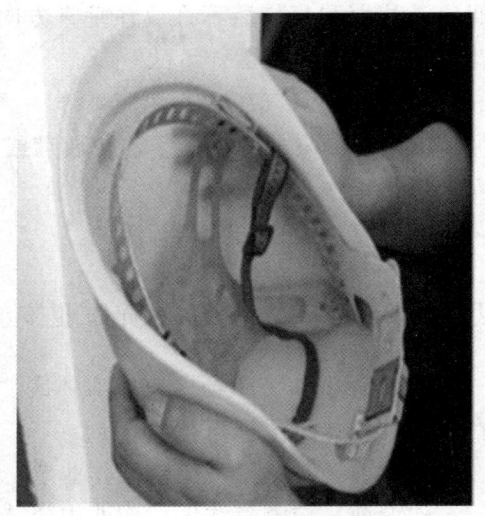

图9-2 安全帽不合格

（2）规范穿着劳动防护用品。

（3）安全帽的佩戴要求。

① 佩戴安全帽，必须系好下颌带，适当旋紧帽后的调整旋钮（见图9-3）。

② 长发需妥善绑扎，盘到安全帽内（反例见图9-4）。

图9-3 正确佩戴安全帽

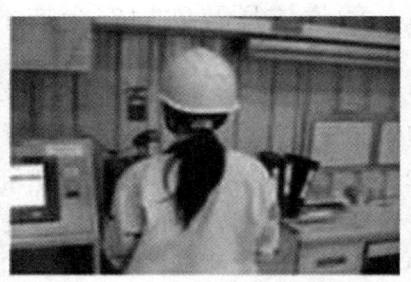

图9-4 不正确佩戴安全帽

（4）施工中常用的防护用品如图9-5所示。

图9-5 常用安全防护用品

二、安全文明施工管理

班组文明施工。

（1）对于一些常用的工机具，可以以"作业组"为单位，进行管理，每个作业组负责管理本作业组领用的工机具。班长要建立台账，定期检查各作业组工机具保管情况。

（2）班组领用的工程材料应建立台账，包括材料的名称、LRCM、规格、数量等。

（3）对于需定期标定的器具，需组织建立专门的台账。

（4）存放在现场的材料应摆放整齐有序，不锈钢、碳钢应分开存放。

（5）施工操作地点和周围必须清洁整齐，做到工完场清，施工垃圾集中存放。

（6）施工余料要及时回收清退。

（7）施工作业区严禁吸烟，严禁大小便。

三、建立班组的施工安全管理制度

1. 安全生产责任制度

建立安全组织机构，班组设置专职安全员，落实主体责任人，谁主管、谁负责，施工人员是第一责任人。

2. 安全生产教育制度

（1）对新工人进行入厂"三级教育"，内容包括具体的工种岗位安全基本知识教育。

（2）对操作新设备、新机具的工人必须进行安全教育，掌握操作方法经考核合格，方可上岗操作。

（3）经常进行安全专项教育，典型事故案例教育。

3. 施工现场的安全布置

（1）施工现场布局合理。

（2）物资摆放有序整齐。

（3）防护设备完备。

第四节 质量跟踪文件

一、概　述

控制各种与质量活动有关操作的有效方法和手段就是程序化管理，而程序的执行是通过质量计划来控制的。核岛管道安装工作必须实施质量计划。这在 RCC-M 中有明确的规定。质量计划（工作计划、任务单）是具体项目建造的指示性文件，是用来对安装和检查操作进行跟踪并记录的文件。质量计划中规定了按时间顺序所确定的操作步骤，每步操作所采用的适用工作程序和最新版本，要见证的通知点，检查签字部门。

质量计划中的重要操作是由工程公司及施工公司质检部门设定的"质量管理通知点"：C 点（Check Point）——见证点（只针对 QC1），W 点（Witness Point）——见证点，H 点（Hold Point）——停工待检点。H 点是严禁跨越的，否则可能导致所有前期操作拒收。

二、定　义

质量计划（Quality Plan）：用于质保（QA）分级中 Q1、Q2、Q3 级的活动（如 RCCM 级管道等）。

工作计划（Work Plan）：是一种特殊的质量计划，用于质保分级为 Q3 级的重复出现（大批量）的活动（如支架安装等）。

任务单（Task List）：用于非 RCCM 级的活动（如 RCCM 无级管道等）。

三、质量跟踪文件的正确填写方法

以质量计划为例，简述其填写方法。

质量计划分为主质量计划（Master Quality Plan）和典型质量计划（Typical Quality Plan）。主质量计划（见表 9-1）包罗了某项工作的各种可能情况，具体运用时从其中选出现场实际存在（应用）的部分，即成为典型（专用）质量计划。典型的跟踪文件填写方法如下：

（1）封页：清楚地注明质保（QA）等级。
（2）设备号栏：填管线号。
（3）文件号栏：填三维制作图号。
（4）质保工作类别栏：填所施工的管线的质保类别（等级）。
（5）典型质量计划编号栏：填专用质量计划号（TQP）。

表 9-1　管道施工记录清单

序号	记录名称	类型	备注
1	隐蔽工程验收记录	隐蔽	
2	灌浆前测量记录	灌浆	
3	灌浆后测量记录	灌浆	
4	管道灌水试验记录	试压	
5	阀门安装检查记录	阀门	
6	阀门清洗、试压检查记录	阀门	不作为交工资料
7	工艺管道系统尾项清单	尾项	
8	法兰安装检查记录	法兰	
9	管道补偿器安装检查记录	补偿器	
10	管道清洗、脱脂检查记录	清洁	
11	弹簧/恒力支吊架调整检查记录	弹吊	
12	管道安装符合性检查记录	符合性	
13	管道系统支吊架符合性检查记录	符合性	
14	工艺管道系统检查消缺单	消缺	
15	管道系统冲洗（吹扫）记录	冲洗	
16	管道系统试压记录	试压	
17	管线特殊部件拆除、复原记录	特殊部件	
18	压力试验记录	试压	
19	阻尼器安装符合性检查记录	阻尼器	
20	阀门远传机构安装检查记录	远传机构	
21	工艺管道支吊架安装记录	支吊架安装	
22	工艺管道安装记录	管道安装	
23	支吊架预制检查记录	支吊架预制	
24	管道预制检查记录	管道预制	

第五节　班组标准化建设

一、班组标准化管理的定义

班组标准化工作是指以制定和贯彻各项标准为主要内容，使班组工作形成制度化、程序化、科学化的活动过程。

企业标准主要通过班组进行贯彻，因此班组长工作标准化是企业标准化的重要组成部分。

二、日工作标准化

（1）班前，查看交班簿和生产现场，检查班组人员出勤和生产准备情况，与调度联系工作，召开班前会等。

（2）班中，检查班生产进度和劳动纪律，抽查产品质量，处理班中出现的生产、技术、质量问题。

（3）班后，检查产品发交入库、在制品储备、设备工具使用保养、工作现场等情况，组织好班后会及其活动。

三、班组班前会

1. 开班前会的作用

（1）召开班前会是为了帮助员工识别并控制施工中的危险。危险伴随于整过施工过程，规避和消除危险取决于每个人对自身行为的有效控制。

（2）召开班前会是企业、单位、施工管理人员对工作者的责任。通过班前会使每位员工注意和认识到有可能发生的、影响身体健康和安全的危险因素，并通过积极的方法进行预防和消除。

（3）班前会可以表明主管人员在工作中对安全和健康所承担的责任，是将安全施工推广至全员安全管理的必要方法。

2. 班前会的主要内容

（1）对前一天的工作进行总结。包括劳动纪律、进度完成情况、质量、安全等。把发现的问题提出来，教育全班同事，引以为戒，避免类似问题重复发生；把好的方面宣扬出来，让全班共同学习，共同提高，提升全班整体素质。

（2）分配工作。向每一个作业组分配当天的工作，下达施工任务，并提出工作要求，包括进度（工期）要求、质量要求、材料管理要求、工机具分配及管理要求、劳动纪律要求等。

3. 班前会的实效性

（1）会上尽可能地利用实际使用的工具、设备和材料及现场的实际情况作为会议讨论的重点。

（2）查找问题，运用自身的知识提出最好的解决方案，从多种渠道获得更多的信息和经验从而支持施工安全。

（3）要求员工们讨论一些他们已经知道的问题，尽可能让每一位工作者有参与讨论和发表自己意见的机会。

（4）班前会记录。班组安全工作日志要认真填写会议日期、工作内容、参加人员、交底人及风险评定人。参会人员必须签名（禁止代签）。班组安全工作日志要妥善保存，它是安全工作轨迹的记录，具备可追溯性。

（5）班前会实施前，班组长应提前根据工作安排进行风险预测和分析，作出预防措施，直接在记录中体现，有利于员工签字时对当天作业风险和防护措施加深印象。

四、周工作标准化和月工作标准化

（1）标准化的周工作如每周召开一次班组会，研究班组工作，总结上周工作，落实本周计划，提出完成各项工作的方针和措施，进行一次设备和生产现场清扫工作等。

（2）每月召开 3 次班组会议，月初布置工作，月中检查工作，月末总结工作。召开一次工会会员民主生活会，开展自我批评，增强组织团结，加强班组民主建设。同时，开展班组质量活动、安全活动、岗位练兵活动。

（3）原始记录台账标准化。

班组原始记录和汇总台账应根据齐全、准确、及时、适用、系统、简便的要求，把原始记录的内容、形式、方法、传递程序、时间、要求、岗位责任形成标准，便于统计和检查（见图9-6）。

五、场地标准化

场地标准化主要指场地 6s 管理（见图9-7）。

（1）整理（SEIRI）——将工作现场的所有物品区分为有用品和无用品，除了有用的留下来，其他的都清理掉。目的是腾出空间，空间活用，防止误用，保持清爽的工作环境。

（2）整顿（SEITON）——把留下来的必要用的物品依规定位置摆放，并放置整齐加以标识（见图9-8）。目的是使工作场所一目了然，消除寻找物品的时间，打造整整齐齐的工作环境，消除过多的积压物品。

图 9-6 台账标准化

图 9-7 场地标准化不达标

图 9-8 整顿

（3）清扫（SEISO）——将工作场所内看得见与看不见的地方清扫干净，保持工作场所干净、亮丽，创造良好的工作环境（见图 9-9）。目的是稳定品质，减少工业伤害。

图 9-9 清扫

（4）清洁（SEIKETSU）——将整理、整顿、清扫进行到底，并且制度化，经常保持环境处在整洁美观的状态（见图9-10）。目的是创造明朗现场，维持上述3S推行成果。

图9-10 清洁

（5）素养（SHITSUKE）——每位成员养成良好的习惯，并遵守规则做事，培养积极主动的精神（也称习惯性）（见图9-11）。目的是促进良好行为习惯的形成，培养遵守规则的员工，发扬团队精神。

图9-11 素养

（6）安全（SAFETY）——重视成员安全教育，每时每刻都有安全第一观念，防患于未然（见图9-12）。目的是建立及维护安全生产的环境，所有的工作应建立在安全的前提下。

图 9-12 安全

六、工序操作标准化

工序标准化作业对工序质量的保证起着关键作用，工序标准化在工序质量改进中具有突出地位。工序质量受 5M1E，即人、机、料、法、环、测六方面因素的影响，工作标准化就是要寻求 5M1E 的标准化。

1. 人：生产人员

（1）生产人员符合岗位技能要求，经过相关培训考核。

（2）对特殊工序应明确规定特殊工序操作、检验人员应具备的专业知识和操作技能，考核合格者持证上岗。

（3）对有特殊要求的关键岗位，必须选派经专业考核合格、有现场质量控制知识、经验丰富的人员担任。

（4）操作人员能严格遵守公司制度和严格按工艺文件操作，对工作和质量认真负责。

（5）检验人员能严格按工艺规程和检验指导书进行检验，做好检验原始记录，并按规定报送。

2. 机：设备维护和保养

（1）有完整的设备管理办法，包括设备的购置、流转、维护、保养、检定等均有明确规定。

（2）设备管理的各项规定均得到有效实施，有设备台账、设备技能档案、维修检定计划，有相关记录，记录内容完整准确。

（3）生产设备、检验设备、工装工具、计量器具等均符合工艺规程要求，能满足工序能力要求，加工条件若随时间变化能及时采取调整和补偿，保证质量要求。

（4）生产设备、检验设备、工装工具、计量器具等处于完好状态和受控状态。

3. 料：生产物料

（1）有明确可行的物料采购、仓储、运输、质检等方面的管理制度，并严格执行。

（2）建立进料验证、入库、保管、标识、发放制度，并认真执行，严格控制质量。

（3）转入本工序的原料或半成品，必须符合技术文件的规定。

（4）所加工出的半成品、成品符合质量要求，有批次或序列号标识。

（5）对不合格品有控制办法，职责分明，能对不合格品进行有效隔离、标识、记录和处理。

（6）生产物料信息管理有效，质量问题可追溯。

4. 法：工序管理

（1）工序流程布局科学合理，能保证产品质量满足要求，此处可结合精益生产相关成果。

（2）能区分关键工序、特殊工序和一般工序，有效确立工序质量控制点，对工序和控制点能标识清楚。

（3）有正规有效的生产管理办法、质量控制办法和工艺操作文件。

（4）主要工序都有工艺规程或作业指导书，工艺文件对人员、工装、设备、操作方法、生产环境、过程参数等提出具体的技术要求。

（5）特殊工序的工艺规程除明确工艺参数外，还应对工艺参数的控制方法、试样的制取、工作介质、设备和环境条件等做出具体的规定。

（6）工艺文件中，重要的过程参数和特性值已经过工艺评定或工艺验证；特殊工序主要工艺参数的变更，必须经过充分试验验证或专家论证合格后，方可更改文件。

（7）对每个质量控制点规定检查要点、检查方法和接收准则，并规定相应的处理办法。

（8）规定并执行工艺文件的编制、评定和审批程序，以保证生产现场所使用文件的正确、完整、统一性，工艺文件处于受控状态，现场能取得现行有效版本的工艺文件。

（9）各项文件能严格执行，记录资料能及时按要求填报。

（10）大多数重要的生产过程采用了控制图或其他的控制方法。

5. 环：生产环境

（1）有生产现场环境卫生方面的管理制度。

（2）环境因素如温度、湿度、光线等符合生产技术文件要求。

（3）生产环境中有相关安全环保设备和措施，职工健康安全符合法律法规要求。

（4）生产环境保持清洁、整齐、有序，无与生产无关的杂物（可借鉴6S相关要求）。

（5）材料、工装、夹具等均固定位置整齐存放。

（6）相关环境记录能有效填报或取得。

6. 测：质量检查和反馈

（1）应规定工艺质量标准，明确检验项目、项目指标、方法、频次、仪器等要求，并在工序流程中合理设置检验点，编制检验规程。

（2）按技术要求和检验规程对半成品和成品进行检验，并检查原始记录是否齐全，填写是否完整，检验合格后应填写合格证明文件并在指定部位打上合格标志（或挂标签）。

（3）严格控制不合格品，对返修、返工能跟踪记录，能按规定程序进行处理。

（4）应醒目标志待检品、合格品、返修品、废品，分别存放或隔离。

（5）特殊工序的各种质量检验记录、理化分析报告、控制图表等都必须按归档制度整理保管，随时处于受检状态。

（6）编制和填写各工序质量统计表及其他各种质量问题反馈单。对突发性质量信息应及时处理和填报。

（7）制订对后续工序包括交付使用中发现的工序质量问题的反馈和处理的制度，并认真执行。

（8）制订和执行质量改进制度。按规定的程序对各种质量缺陷进行分类、统计和分析，针对主要缺陷项目制订质量改进计划，并组织实施，必要时应进行工艺试验，取得成果后纳入工艺规程。工序标准化对 5M1E 提出了明确要求，企业应将工序标准化工作纳入工序质量改进的整体计划之中。在制订相关标准化要求基础上，通过工序质量的调查与分析，发现工序标准化各具体要求的执行偏差，进而采取改进措施。通过工序质量改进的持续循环，促进工序标准化的真正实现，从而实现工序质量的持续改进。

七、班组园地标准化

班组园地（见图 9-13 和图 9-14）是展现班组风采，与外界交流学习、给别人学习的专栏。班组园地是搞好班组建设的一个阵地，在提高班组管理能力和员工素质等方面起着积极的作用。

图 9-13 班组园地

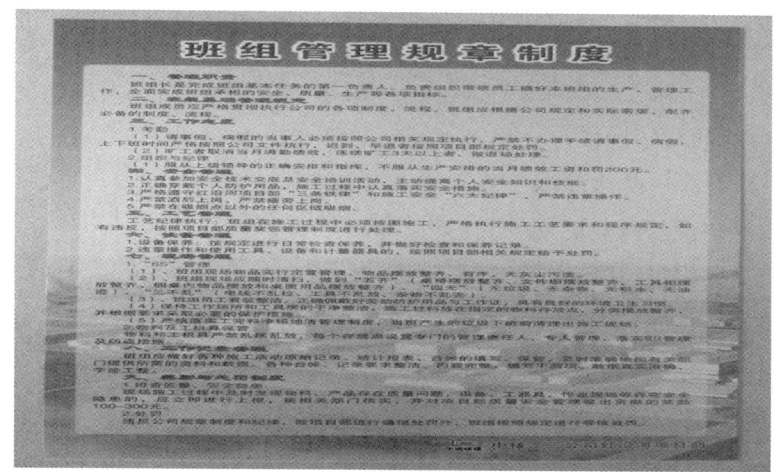

图 9-14 班组管理规章制度

第六节 班组施工管理

一、成品保护

1. 不锈钢、碳钢管道

(1) 各区域在适当位置设定不锈钢、碳钢管道临时存放点(需批准),严禁不锈钢管道与碳钢物项混合储存。

(2) 不锈钢、碳钢管道临时存放点需用围栏防护,通过铺设枕木等形式防止不锈钢管道与地面及其他物项接触,并在上方用防火布或塑料薄膜进行全面覆盖防护。

（3）不锈钢、碳钢管道临时存放点必须按规定张贴施工物料临时存放许可证。

（4）管道应摆放整齐，并确保管口均进行有效封堵。

（5）室外施工物项临时存放地点需进行统一规划，用围栏防护。

（6）施工班组根据现场安装进度将一周内安装的管道运入安装房间中。

（7）对不锈钢、碳钢管道临时存放点进行日常巡视检查，发现不符合上述要求时立即整改。

2. 阀　门

（1）阀门安装前。

① 严格按照阀门的存储技术与维护要求执行。

② 根据现场安装进度向物资部仓库申请一周内安装的阀门。

③ 不同材质的阀门或其他物项应分开存放，严禁室外露天存放。

④ 阀门进出口必须进行有效封堵，禁止裸露。

⑤ 隔膜阀和主蒸汽安全阀需对下部组件中法兰密封面进行硬性防护。

⑥ 阀门传动部分（如阀杆、电动头、气动头等）和精密部件（压力表、OC 指示窗、限位开关等）需用防火布或塑料薄膜进行防护。

⑦ 不大于 4 in 的阀门统一临时存储在各分队集装箱库或工具房中，整齐摆放。

⑧ 规范中要求垂直存放的阀门应在临时存储阶段保持稳定的垂直状态。

（2）阀门安装后。

① 所有阀门临时功能牌、阀体铭牌、油嘴等防护时包裹于阀门外部，便于查看。

② 截止阀、闸板阀、蝶阀阀杆裸露部位用防火布或塑料薄膜严密包裹，用透明胶带绑紧；顶部有 OC 指示窗的用防火布或塑料薄膜围成一套筒覆盖，顶部用端盖封盖，并用胶带绑紧。

③ 对于安装到位的电动头和气动头，使用防火布或塑料薄膜覆盖保护，并用胶带绑紧；压力表缠绕保护，防止可视窗破损。

④ 调节阀及气动附件阀杆裸露部位用防火布或塑料薄膜严密包裹，并用透明胶带绑紧；引漏管及启动附件各管口用端盖封堵。

⑤ 主蒸汽隔离阀安装位置上方和四周应制订详细的搭设防护棚方案并进行保护。

⑥ 隔膜阀、主蒸汽安全阀上部组件安装前需对下部组件中法兰密封面进行硬性防护，所有现场安装的阀门禁止进出口裸露，无防异物保护。

3. 在线设备

（1）根据现场安装进度向物资部仓库申请一周内安装的在线设备。

（2）KD、DI、QD、SD、MD、FL、JD 等在线设备以及垫片，统一临时存储在各分队集装箱库房或工具房中，整齐摆放在货架上，待安装时引入安装房间。

（3）KD、DI、QD、SD、MD、FL、JD 等在线设备及垫片，临时存储时尽量保留厂家的保护、包装装置，并张贴醒目的标识。

4. 弹簧箱、阻尼器

（1）弹簧箱、阻尼器严禁露天存放。
（2）根据现场安装进度向物资部仓库申请一周内安装的弹簧箱、阻尼器。
（3）弹簧箱、阻尼器统一临时存放在各分队的集装箱库房或工具房中，待安装时再引入安装房间。
（4）弹簧箱、阻尼器临时存放时，尽量保留厂家的保护、包装装置，并在外包装张贴醒目的标识。

二、安装期间防异物管理

1. 管道安装

（1）小件工机具（如扳手、锉刀、螺丝刀、尺子等）使用前后要清点；大件机具（力矩扳手、焊机、磨光机、电钻等）统一标定后发放。
（2）安装现场未施工的管道应确保管口均进行有效封堵（统一使用管帽封堵），点焊后未能立即焊接的管口，用匹配的胶带（碳钢、不锈钢区分）进行封口。
（3）2 in 以下管道 3 个折弯以上的管道焊接前用气体吹扫。
（4）使用标准氩气室，确保氩气室部件牢固可靠，部件不会脱落遗失到管道内，使用前后进行检查。
（5）注意水溶纸黏胶带的使用，防止胶带的黏纸遗留在管道内。
（6）滤网、垫片、在线部件安装前或拆除后，检查其完整性。
（7）管道打磨时用的封堵物应完整可靠，且不伤害管材，防止封堵物遗留在管道内部，打磨后清理并取出封堵物。
（8）水压试验后返修焊口时，尽可能避免碎屑落入管道，切割完成后，手工清洁，对于手工无法清洁的，用吸尘器吸碎屑。
（9）管道焊接或栓接后无法再进行内部清洁度检查的设备（如一般换热器、泵类设备）：机械队根据设备内部清洁度检查需要识别出需要保留的管口或法兰口，并在设备移交单中标识清楚。
（10）一般情况下，与正式物项相连的 TSD（排水管除外），在连接前需通过冲洗或吹扫的方式进行防异物处理，并做记录。

2. 阀门安装过程

（1）阀门切除后，应确保管道两端管口均进行有效封堵。
（2）阀门解体后，小口径阀腔采用白布封堵，并用布带扎紧；大口径阀门可采用防火布或塑料薄膜封堵，并用布带扎紧。
（3）阀门解体后，要对螺栓、螺帽、垫片、阀门部件进行检查核对并登记。
（4）阀门组装前，对管道和阀门内部进行检查，依据阀门安装质量计划，确认无异物后方可组装。
（5）组装完成后，对部件数量进行核对。不符合立即查找，未找到应立即上报。

三、班组质量管理与问题处理

"安装"是核电建设过程中的最后一个环节,安装施工的质量直接影响着核电站的建造质量,所以说,"安装"施工班组是核电质量的直接缔造者,是确保核电质量的最后一道"屏障"。

1. 如何做好班组的施工质量管理工作

(1)提升员工的质量意识,员工的质量意识对施工质量会产生直接影响。

(2)明确班组质量管理责任,按照"谁施工、谁负责"的原则,分解班组施工质量管理责任。

(3)严控"越点"事件,"越点"施工是"最不可原谅"的事情,它将导致核电建设质量无法受控。

(4)做好施工过程中质量检查工作,班长应组织做好施工过程中"自检""互检"工作。

2. 如何提高员工的质量意识

反复向员工灌输,核电建设质量是关系到国家长治久安和人民群众生命安全的大事,核电无小事,马虎不得,切莫做千古罪人。让员工从内心深处对核电建设怀着"敬畏"和"如履薄冰"的意识。

3. 学习程序和经验反馈案例法

(1)反复学习程序。对于新入场的员工,要让他们反复学习有关的程序,并在具体的工作实践中去切实体会。

(2)说给他听。告诉员工如何工作做才符合核电建设的质量要求,怎么做是违反核电建设的质量要求的,让员工知道他们"能够怎么做,不能怎么做"。

(3)多案例教育。通过班前会,宣贯、分析经验,反馈案例,或者用"模拟"场景的方式,让员工对"能够怎么做,不能怎么做"有切身体会。

(4)多总结。多让员工做工作总结,不断在总结中提高。

4. 班组长如何严控"越点"事件

(1)班组长要清楚了解质量跟踪文件的"设点"情况,及时提醒作业组长、员工正确地按照质量跟踪文件规定的操作步骤施工、消点。

(2)班组长要经常翻阅质量跟踪文件,对于长期未消的"点",在相应施工活动开始前,要提前提醒作业组长、员工及时组织"消点"。

(3)消点前的准备工作要做得充分。

(4)班长要提前发布消点通知,并就消点时间、地点提前和QC1人员、QC2人员沟通,确保能够按时"消点",尽可能不积压"点"。

5. 确保员工不"超资格"施工

（1）建立人员资格清单（尤其是特殊工种）：班组长每人应有一本本班组人员资格清单（尤其是焊工），在分配施工任务时经常翻阅，严格按照员工的授权资格分配施工任务，不蛮干，杜绝"无资格"施工现象。

（2）班组长在巡查过程中要重点关注特殊工种。

6. 做好施工过程中的质量检查

（1）对于重要的施工活动，班长应提前介入物项到货后的开箱检查阶段，提前发现工程物项存在的问题。对于已运至施工现场的、重要的工程物项，可以采取预安装或者预组装的形式，检查物项/设备质量是否满足施工要求。

（2）班长可在班组内建立质量责任制，"谁施工、谁负责"，作业组长承担本组的施工质量管理责任，班组内若发生质量事件，班长本着客观、公正的态度按照"四不放过"原则，认真组织查找原因，拟定纠正措施。

（3）班长在班组内推行"互检"，让各作业组长、班组成员相互检查、相互学习。

（4）班长要重视"自检"环节，认真组织开展自检，对施工过程的重要环节、施工记录（质量跟踪文件的填写等）进行重点检查。

7. 班前会管理

（1）会前准备。

① 班前会前，施工队班组长组织班组人员对施工所需的文件、工机具进行检查是否均能满足现场使用，做好自查工作。

② 班组长确定施工人员是否已进行良好的培训且已合格。

③ 班组长检查材料标识能否正确识别，防止混用误装。

④ 班组长对当天施工项目进行分析，识别其存在的质量风险、重点工艺、工艺难点并填写识别表。

（2）班前会的召开。

① 班组长讲述当日的工作区域或活动范围。

② 班组长对会前识别的施工重、难点及潜在的风险进行详细的交底，让施工人员在实际施工过程中高度关注，避免质量事件的发生。

③ 班组长根据内外部经验反馈、良好实践，结合当天的施工内容，介绍相关的经验反馈教训。

8. 施工中常见问题的处理

（1）现场管段安装余长切除不合理，导致管段焊口无法焊接；

处理流程：施工班组应及时通知技术人员，由技术人员发出 CRF，待 CRF 回复后执行；施工前应严格按照图纸检查。

（2）现场工程物项材料保管不善，造成丢失。

处理流程：现场人员及时反馈给技术员，由技术员提交补供申请，严禁使用来源不明材料代替。

（3）管道焊口在支架上或离支架距离不满足要求；管道坡度不满足规定要求。

处理流程：施工前，要仔细审阅图纸，如发现此类问题应及时澄清；沿管道走向在管段的始末端按设计坡度拉线，根据要求确定支吊架位置。在管道对时注意调整管道坡度。

（4）为赶进度，存在"先施工，后签点"的侥幸心理，质量控制意识不够强，导致越点施工。

处理流程：不越点施工，W/H点，必须在施工前发出通知，有H点的施工工序，该工序经过设置H点的部门检查确认签字后，方可进行下步施工。

（5）班组未申请Y、Z口申请单以及控制单，便对焊口切割、焊接焊口或焊口校正。

处理流程：班组应反馈技术员，由技术员到TS申请控制单，在施工前发出消点通知单，待QC检查员消点后方可施工。

（6）施工班组错用同尺寸不同壁厚的管段，且私自打磨阀门，以满足焊接。

处理流程：施工前应认真核实材料的标识，在发现错用材料后，及时发出澄清，按澄清回复处理，严禁班组私自处理。

思考与练习

1. 为什么要召开班前会？
2. 简述班前会的主要内容。
3. 简述场地6S管理的主要内容。
4. 班组长如何严控"越点"事件？

附 录

管道安装工程经验反馈

一、工程质量（施工安全）事故调查报告的写作格式

1. 工程质量事故调查报告

（1）工程概况：介绍事故的有关工程情况。
（2）事故情况：事故发生的时间、性质、现状及发展变化的情况。
（3）是否采取应急防护措施。
（4）事故调查中收集的相关资料数据。
（5）事故发生的原因及初步分析和直接经济损失。
（6）事故责任人的处理。

质量事故处理流程如附图1所示。

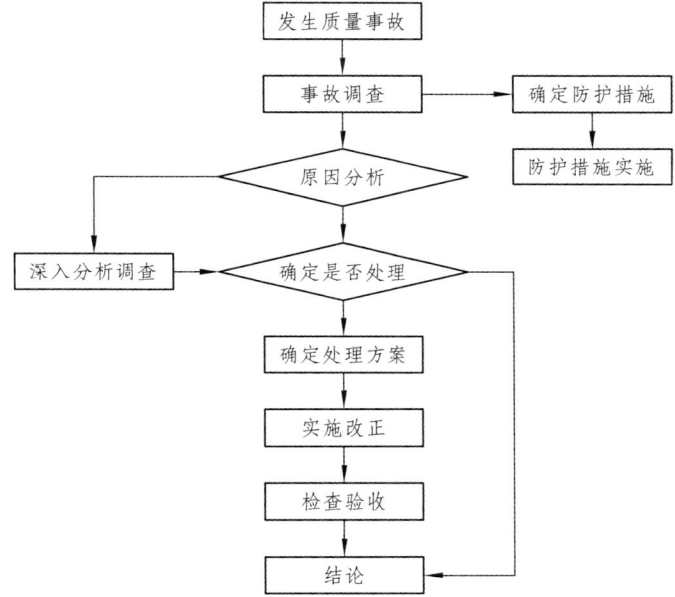

附图1　质量事故处理流程

2. 工程施工安全事故调查报告

由企业HSE部组织技术、安全、人事、工会等部门相关人员，成立事故调查组进行调查。若事故重大须上报上级主管部门和政府的安监部门共同进行调查。工作程序和内容如下。

（1）现场勘查。
① 笔录。
② 实物拍照。
（2）现场绘图。
（3）分析事故原因及确定事故性质。

通过认真调查分析，找出发生事故的原因，以便从中吸取教训，采取相应的措施，防止类似事件的发生，并使群众受到教育，做到"四不放过"。其步骤如下：

① 查阅事故调查资料。

② 按以下 7 种内容进行分析：受伤部位、受伤性质、起因物、制害物、受伤方式、不安全状态和行为。

③ 确定事故的直接原因。

④ 确定事故的间接原因。

⑤ 确定事故的责任人。

（4）事故调查报告。

① 事故发生的时间、地点、伤亡人数和伤害程度。

② 事故发生的经过、主要原因和次要原因。

③ 事故的责任分析结果和对责任人的处理意见。

④ 事故直接和间接损失估算。

⑤ 应吸取的教训以及采取的措施、意见和建议。

（5）伤亡事故的调查及处理制度。

（6）事故的结案归档。

二、案例分析

1. 3K10 区管道安装现场经验反馈

（1）前言。

K10 是核岛安装开工最早的区域，其中 K014、K015、K016 为核岛安装最早的施工房间（尤其是 K014、K016 房间）。

（2）管道安装的主要工作内容。

① 关于 V9 墙体上用于 24″RRI 管线穿墙的 4 个墙洞处的预埋板，要求土建严格按设计预埋板上钻孔，并在土建施工阶段严格保护好螺纹。同时建议管道支架采用车间钻螺纹孔。

② K111 的 RRI 管道和支架施工需与 EM5 的防火风管和支架施工紧密地配合作业，双方配合、交叉施工。

③ K017、K117 应尽早移交安装。

④ K114 房间里的消防管道应在房间移交后尽快施工，否则会与电气托盘相撞。

⑤ K014/K016 房间，RRI 系统 ϕ600 进口蝶阀与国产的长度不一致，需落实阀门与等轴图上所给的螺栓长度是否一致。

⑥ K014 房间 V33 墙处的小管需尽快施工，否则与通风和电气相碰。

⑦ K014 房间，V9 和 V33 墙的夹角处，有一个 3 吨多的大支架，需尽早放线，并及时对锚固螺栓的部分进行在墙体上钻孔，否则管道落位后无法钻孔。

⑧ K011 房间，阀门 3EAS008VB/3EAS010VB 需在泵 3EAS002 PO 落位前引入，阀门需通过泵的土建预埋电机孔。

⑨ K015 房间，要求土建在 3EAS001BA 引入落位后，尽快介入完成钢结构的全部施工，很多支架均生根在土建钢结构上。

⑩ K016 高空的不锈钢大管在通往 W211 孔洞处，需预先把 W211 房间 3W09 的支架膨胀螺栓孔进行钻孔，否则等不锈钢大管落位后，W211 房间底部的支架将无法钻孔。

⑪ K017、K117 房间的夹套管管道、连接贯穿件的 4 个大阀门一定要在房间封顶前引入。

⑫ BN3K10078 中应该注意施工逻辑，必须把水平管道定位好，然后测量好与上游图纸 BN3K10077 的横口的定位，保证 BN3K10078 中的 M1 和 M5 的焊接。

⑬ 二期由于供货的原因，没有注意好施工逻辑，曾经把 M1 切开过。

2. 关于 4REN 系统无票作业事件

（1）事件描述。

2015 年 9 月 21 日，工程公司安质部监督组在对××项目实施调试试验管理有效性专题监督时发现，阀门分队员工包某在 4REN 系统上进行阀门漏气消缺工作，但并未根据程序办理工作许可证，属无票作业。

（2）事件调查。

2015 年 9 月 18 日，某工程公司发布 AWNBCME818770D，要求施工单位尽快清除 4REN 系统 3T 意见项，计划时间从 2015 年 9 月 21 日至 10 月 16 日。同日，工程部收到该工作指令，并于 2015 年 9 月 21 日完成编制并分发给施工队，PEWI 编号为 PEWI-PT-21865。

2015 年 9 月 21 日，阀门分队负责人将 AWNBCME818770D 工作指令附页中的意见项清单交由班长吕某负责，班长吕某将 4REN 系统阀门漏气消缺工作安排给包某进行施工。包某在未获得工作许可证的情况下，对 4REN 系统上进行阀门漏气消缺工作。工程公司安质部监督组现场巡检，发现阀门分队员工在施工消缺过程中未办理工作许可证。

（3）原因分析。

① 直接原因。

阀门分队施工人员，在施工过程中未办理工作许可证。

② 间接原因。

阀门分队对尾项消除管理不到位，在未办理工作许可证的情况下安排现场施工作业。

阀门分队施工人员质量意识淡薄，在未办理工作许可证的情况下就进行现场施工作业。

阀门分队的经验反馈有效性不足，项目部已于 2015 年 4 月组织开展了工作票管理专项经验反馈，但在施工过程中仍未办理工作许可证。

（4）整改措施。

① 对管道队打开 AB-QA/CAR15-002。

② 加强作业人员的核安全文化意识培训，管道队组织阀门分队所有人员再次组织工作票管理的专项学习，并检查学习效果，强调无票、超票作业的风险和后果，确保作业人员掌握工作票管理的要求。

③ 各施工队加强施工管理，要求工作负责人在每日的早班会对当天的工作进行布置，对存在的风险进行辨识，并检查工作准备情况，重点检查工作票的准备情况，未办理工作许可证的情况下，禁止安排现场施工活动，同时，加强尾项消缺的过程检查。

④ 组织所有施工人员及质量检查人员对本次事件进行经验反馈学习，再次强调工作票的重要性，防止此类事件再次发生。

（5）处理意见。

为严肃施工纪律，顺利完成后续尾项消缺工作，使各级人员清醒地认识到工作票的必要性和重要性，使各级领导、管理人员及员工从思想上充分认识到调试服务的重要性，增强全体员工的核安全文化意识和工作责任心，达到教育本人、警示他人的目的。根据《质量事件的调查、处理与问责》程序及中广核工程有限公司发布的《安质环奖励和违约管理条例（C版）》和《中广核工程有限公司安全质量行为十大禁令》要求，按照"四不放过"原则，对此次事件的相关责任人进行相关的处罚。

3. 5.26 高处坠落事故调查报告

事故发生时间：2010 年 5 月 26 日 9 时 30 分

事故发生地点：某某项目部施工现场 NE181 房间

事故发生单位：管道队

受伤人员情况：王某，管工

受伤人员受教育情况：接受过入场三级安全教育

（1）事故经过。

2010 年 5 月 26 日上午，管道队 3 名职工在 N80 区进行放线测量工作（注：该房间还未正式移交安装）。9 时 30 分左右组长陈某及另外一名职工上去配合测量工作，留下王某一人在 NE181 房间熟悉图纸，当时图纸平铺在坠落孔洞的盖板上，由于图纸放置位置光线不足，王某想将图纸移到前方光线充足处。怕将图纸弄脏，王某将图纸连同盖板一同移动（移动时未意识到此木板为孔洞盖板），在抬起盖板向前推移时左腿迈出踩在孔洞上方，人员坠落在孔洞下方 NE085 房间，坠落高度为 3.3 m。人员坠落约 10 min 后被二二公司一名员工发现并遇到项目部工程师，告知事故发生情况，该区域安全监督管理人员将受伤职工王某背出厂房后立即送往县人民医院救治，经医院诊断为"左腿胫骨平台骨折"。

（2）原因分析。

① 直接原因。

王某安全意识淡薄，擅自移动孔洞盖板且移动前未意识到此木板为孔洞盖板。

② 间接原因。

王某对施工作业前对现场的检查不足，没有充分了解现场情况。

早班会流于形式，通过对陈某及王某的问询调查，该班组在当天早班会上未对施工活动及安全注意事项进行详细阐述，只是在风险分析单上进行签到。

孔洞虽然有盖板，但是盖板没有明显标识。

（3）责任分析。

① 王某本人安全意识淡薄，对安全防护措施缺乏认知，擅自移动孔洞防护盖板，应对此事故负直接责任。

② 组长陈某在当天早班会未对施工活动及安全注意事项进行详细分析和宣贯，早班会流于形式，应对此次事故负主要领导责任。

③ 分队长管理不到位，应对此次事故负一定领导责任。

（4）事故直接经济损失。

事故直接经济损失待统计。

（5）对事故责任人员处理意见。

根据项目部《安全生产奖惩管理规定》有关规定，建议。

对事故直接责任者，管道队职工王某罚款300元。

对事故主要领导责任者，管道队组长陈某罚款200元。

对事故次要领导责任者，管道队分队长罚款200元。

（6）整改措施。

① 对NE181房间孔洞盖板进行恢复，防止其他人员发生类似事故。

② 对王某进行安全教育，提高其个人安全意识，施工前要充分了解施工区域情况，不得私自移动和拆除安全防护措施。

③ 管道队要加强与HSE部的沟通，尤其是进入未移交区域/厂房进行施工一定要提前告知安全管理人员。

④ 管道队应加强对职工的安全教育，早班会不得流于形式，同时要加强班组成员内部沟通。

⑤ 对预移交房间由HSE部安排安全人员提前进入，并对孔洞盖板进行标识，正式移交安装后应对其进行规范防护。

参考文献

[1] 建设部人事教育司. 管道工[M]. 北京：中国建筑工业出版社，2006.

[2] 皮东海，罗祥仁. 管道安装工艺与技能训练[M]. 3版. 北京：中国劳动社会保障出版社，2015.

[3] 全国一级建造师执业资格考试用书编写委员会. 机电工程管理与实务[M]. 北京：中国建筑工业出版社，2020.